Linjian shandi sanyang Shanji

林间山地散养山鸡

主　编：李丽立　王升平

副主编：陈　勇　舒　燕　邬理洋

编　委：李丽立　王升平　陈　勇　舒　燕
　　　　邬理洋　黎德贵　王洪敏

湖南科学技术出版社

图书在版编目（C I P）数据

林间山地散养山鸡 / 李丽立，王升平主编. -- 长沙:湖南科学技术出版社，2018.5
ISBN 978-7-5357-9751-3

Ⅰ. ①林… Ⅱ. ①李… ②王… Ⅲ. ①野鸡－饲养管理Ⅳ. ①S839

中国版本图书馆 CIP 数据核字(2018)第 054325 号

林间山地散养山鸡

主　　编：李丽立　王升平
责任编辑：李　丹
出版发行：湖南科学技术出版社
社　　址：长沙市湘雅路 276 号
　　　　　http://www.hnstp.com
印　　刷：长沙市宏发印刷厂
　　　　　（印装质量问题请直接与本厂联系）
厂　　址：长沙市开福区捞刀河苏家凤羽村十五组
邮　　编：410013
版　　次：2018 年 5 月第 1 版
印　　次：2018 年 5 月第 1 次印刷
开　　本：850mm×1168mm　1/32
印　　张：4.25
字　　数：100000
书　　号：ISBN 978-7-5357-9751-3
定　　价：26.00 元

目 录

第一章 概 述

第一节 山鸡的特点

山鸡具有野性，善于捕食昆虫类动物和植物，具有较强的集群性，没有完全失去就巢性能的习性，可充分利用森林、防护林、休耕地、丘陵地等生物资源，建设笼网圈，在山鸡5～7周龄时在林间山地进行大量的饲养。

山鸡养殖将传统养法和现代科技相结合，根据林间山地的特点，利用其多种天然饲料资源（昆虫等动物性饲料和嫩草、草籽、树叶等植物性饲料）放养，并适当地补充饲料，以生产出优质的山鸡产品。即让山鸡以自由采食野生的饲料（如昆虫、嫩草、腐殖质等）为主，人工科学补料为辅，严格限制化学药品和饲料添加剂的使用，禁用任何激素和抗生素；通过良好的饲养环境、科学饲养管理和卫生保健措施等，实现标准化生产，使山鸡的肉、蛋产品达到无公害食品乃至绿色食品、有机食品的标准。同时，通过放养实现经济效益、生态效益、社会效益的统一，还可以充分利用自然资源，降低饲养成本，减少投资，生产出绿色产品，获得较好的饲养效益。

1. 充分利用自然资源

我国各种林地含有丰富的自然资源，可以作为生产资源被利用，可以充分利用这些资源，变废为宝，生产绿色产品，降低生产成本。

山鸡可以自由采食天然的植物性饲料（树叶、草籽、嫩草等）和天然的动物性饲料（蝗虫、螟虫等），在夏、秋季节适当补些饲料即可满足其营养需要，可节省饲料，降低饲料成本。散养的鸡舍简易，无需笼具，可减少固定资产投入和资金占用量。山鸡可以自由活动，受到阳光的照射，自由采食天然饲料，机体健康，抵抗力强，疾病发生少。特别是山区、草坡，由于有大山的自然屏障作用，明显地减少了传染病的发生。这样不仅可以减少药物开支，避免死亡淘汰的损失，而且也减少了产品中药物的残留。

2. 生产绿色产品

随着人民生活水平的提高，消费者对农产品的质量提出了更高的要求。近年来，舍饲山鸡的养殖虽然生产性能较高，但肉、蛋产品的口味较野生的产品差，加之饲养环境的恶化、疾病的频繁发生，使产品病菌污染严重、药物残留超标，危害消费者的健康。林间山地散养的山鸡可以生产出优质、绿色的禽产品，满足人们的要求。

（1）蛋品质好　散养状态下，山鸡可以根据需要，自由地觅食矿物质饲料、草料及一些富含角黄素的甲壳类、昆虫、蜘蛛等动物，同时受到阳光照射，所产蛋的蛋壳厚度、蛋黄颜色更优，含水量和胆固醇更低，蛋黄中磷脂质则更高。

（2）肉品质好　现代营养学认为，肉品蛋白质的营养价值取决于组成蛋白质的氨基酸种类、含量、比例以及消化率等。放养鸡胸肌和腿肌中氨基酸总量显著大于舍内饲养的鸡，与风味有关的谷氨酸等鲜味氨基酸含量相对较高，使肉变得更加美味，同时肌肉纤维直径最小、密度最大、嫩度最好。散养山鸡由于运动量大，会增加肌肉中氨基酸的含量，进一步提高山鸡肉的风味。

（3）疾病少，药物残留少　山鸡在自由自在、自然的环境中，能够享受到明媚的阳光、清新的空气，有广阔的活动场地，能够采食到大量饲草、树叶、植物种子、昆虫和土壤中的矿物质，汲取更多天然营养，所以鸡群健康、抗病能力强，饲料中可以不添加任何化学药物和抗生素，蛋和肉品质优越，无抗生素和药物残留。使山鸡蛋和山鸡肉达到无公害食品或绿色食品乃至有机食品的标准，满足广大消费者对健康食品的需求，实现现代人回归自然、返璞归真的生活消费观。

3. 有利于农作物的保护

散养的山鸡可以大量捕食多种昆虫，配合灯光、性信息等诱虫技术，可大幅度降低周边农作物虫害的发生率，减少农药的使用量，既保护农作物和果树，降低生产成本，又对环境和人类的健康十分有利。

4. 合理利用土地

充分利用闲置土地和林下空间来增收增效，是典型的生态农业、循环农业，是林牧结合的样板；同时，也满足了山鸡的生理需要、行为需要和动物福利的要求；也从根本上改变了目前中国农村由于集约化笼养所造成的鸡粪乱堆、污水横流、臭气熏天、蚊蝇丛生的环境公害现状；是建设社会主义新农村，改善农民生活，促进农业健康良性发展的需要。

5. 效益明显

林间山地散养山鸡能避免占用大量的农用耕地，缓解土地资源紧张的压力，有效地保护耕地，也能减少环境污染。由于远离居民区，饲养密度低，加之环境的自然净化，可使排泄物培植土壤，变废为宝，增加收入。同时，具有省饲料、投资小、疾病少、生产成本低和产品售价高等优点，收益明显提高。

第二节　山鸡的发展前景及注意事项

林间山地散养山鸡的优点很多，在饲养管理上比较省力，同时，山鸡基本栖息在野外环境中，活动范围大，相互干扰少，卫生条件好，又有足够的投给饲料及饮水，还能自由啄食天然动植物食料，有利于快速生长。其最大的优点是散养的山鸡具有野味特征，受到人们的欢迎，凡是昆虫资源丰富的地方，可以采用这种方法。因此，林间山地散养山鸡具有广阔的发展前景，是未来山鸡养殖的一个重要发展方向。生产过程中的注意事项主要有以下几点。

1. 产业化集中发展是方向　一家一户的小农生产方式，可有可无的家庭副业绝不可能发展成大产业。产业化集中发展一定要建立良种繁育体系、饲料供应体系、疫病防控体系、产品加工体系和生态环境保护体系。从业者要根据自身的能力，选择适宜的品种和适度的饲养规模，采取科学规范的技术，按照标准化生产和市场化经营，走产业化集中发展的路子。

2. 树立品牌意识，诚信经营　为了提高肉、蛋产品质量，保障食品安全，让广大消费者食用安全、放心的食品，必须树立品牌意识。在保证质量的前提下，做大做强品牌，维护和经营好品牌。注意从品种选择、饲养环境、饲养方式、饲料配方、补饲方式、饲养密度和疫病控制等多个方面入手，千方百计保证散养山鸡的产品质量，宁可减少产量或增加成本，也不能降低产品质量，要树立品牌意识，注重创立品牌和经营品牌，诚信为本，才可能获得消费者的认可，以期得到高额的回报。

3. 注重生产技术的发展，搞好技术革新与合作　在现今散养生产蓬勃发展的市场大潮中，要想立于不败之地，必须要有过硬的生产技术。从业者要充分利用现代社会的资讯平台，从互联网、专业技术书刊、生产技术交流会、产品交易会等各种渠道，不断学习新技术和新工艺，并在养殖实践中加以创新和发展，尽可能与有关专家和同行们进行交流和切磋，以提高自身的生产技术水平。

4. 重视产品的外观、包装和宣传　在产品内在质量无法确定的条件下，很多消费者在购买时，十分看重产品的外包装，因为通过外包装上明示的生产单位（商标）、生产日期、生产条件、保质期等内容，能使消费者产生某种程度的信任感。散养山鸡的生产者要有商标意识和质量观念，重视蛋产品的外观和外包装，对自己的产品有一个适度的广告宣传。

第二章　山鸡的生物学特性与经济性状

山鸡，通俗称为野鸡，属于鸡形目、雉科、雉鸡属。全世界的山鸡同属一个种，但可分为30多个亚种，广泛分布于亚欧大陆，其在国外主要分布于欧洲东南部、中亚、西亚、西伯利亚东南部以及东南亚的越南和缅甸等地。在国内有19个亚种，占全世界亚种数量的2/3，品种资源丰富，除西藏的高原地带和海南岛以外，遍布全国各地，其中，准噶尔亚种、莎车亚种和塔里木亚种等3个亚种仅产于新疆地区，另外16个亚种属于我国特有，被称为“中华组”，因腰部均为蓝灰色，故又被称为“灰腰雉组”。

第一节　山鸡的生物学特性

1. 一般特征

目前全国各地饲养的山鸡均是野生山鸡驯养繁殖的后代，除具有禽类的一般特性外，还具有其本身独有的特性。山鸡体形较家鸡小，尾巴长，善于奔走且奔跑速度快，不善久飞且飞行距离短。性情活泼，听觉视觉较发达，警觉性较高，胆小易惊，攻击性和斗性强。山鸡属杂食性鸟类，胃囊小、食量小，喜欢游走觅食。性成熟晚，繁殖具有明显的季节性。

2. 山鸡外貌

雄山鸡体形较大，尾羽较长，体长90～100厘米，尾长41～53厘米，约为体长的一半，体重1000～1500克，体躯羽毛艳丽，头和颈的上部羽毛为带有金属光泽的青铜色，喙绿黄色，眼周和颊部呈绯红色，颈下部羽毛呈黑色，下方有白色颈环，尾羽呈黄灰色，翅稍短圆，脚趾灰褐色。

雌山鸡体形较小，尾羽较短，体长包括尾巴为60～70厘米，体重800～1500克。雌山鸡羽色暗淡，为黄褐色，远不如雄鸡之艳丽。头顶米黄色，颈后黑头，有黑褐色斑纹，喙淡黑色，躯体全身羽毛呈黑橄榄棕色，有浅褐色斑纹。

3. 生活习性

山鸡环境适应性较强，耐受温度范围广，可在45℃高温至－35℃范围内生存；海拔范围大，从海拔300米的草原、半山区及丘陵地带林缘的灌木丛，到海拔3000米的高山阔叶混交林中都可栖息，随着时节气候的变化有垂直迁徙的习性。

山鸡属于杂食性鸟类，通常以谷类、豆类、草籽和嫩叶等植物性饲料为主，也采食昆虫、幼虫和虫卵等，所以人工饲养山鸡饲喂全价配合饲料时，还要注意补充添加青绿饲料、黄粉虫、蝇蛆等生态饲料。山鸡胃囊小，需少吃多餐，且喜欢吃一点就走，转一圈回来再吃，成年山鸡的采食量约为70克/天。

山鸡性情活泼，喜欢到处游走。山鸡听觉与视觉较发达，警觉性较高，胆小易惊，在平时觅食过程中，时常抬起头机警地左顾右盼，如受到惊吓，则迅速飞窜到草丛中。山鸡有登高性和喜欢沙浴，常常在横枝上栖息。山鸡虽然生性胆怯，但是有较强的地域行为，特别是雄鸡在繁殖季节具有较强的攻击争斗性。

4. 繁殖习性

野生山鸡的就巢性强，且有较强的恋巢性，通常在树丛、草丛等隐蔽处就巢。在此期间，雄山鸡在清晨常常发出“咯咯咯”的叫声，以宣示自己的领地，其叫声清脆。雄山鸡有毁巢啄蛋的行为，在人工养殖中，常会因雄山鸡发现巢窝后毁巢啄蛋而造成损失，故产蛋箱或草窝要设置在较为隐蔽的地方。

山鸡性成熟晚，雌山鸡性成熟时间为10月龄左右，雄山鸡为11月龄左右，每年3～7月份为野生山鸡的繁殖期，人工驯化后的山鸡性成熟期可提前，产蛋期也可延长，产蛋量有所增加。美国七彩雉鸡5～6个月就可达到性成熟。山鸡为一雄多雌制，一般每只雄山鸡与2只左右雌山鸡相配共处。

山鸡产蛋具有季节性，一年通常繁殖两窝，每窝产蛋6～22枚，在南方地区多为4～8枚。卵呈椭圆形，蛋壳多为浅橄榄黄色、土黄色和黄褐色。每枚平均质量为24～28克，直径为25～32.5毫米。雌山鸡在产蛋期内产蛋无规律性，一般来说每连产2天休息1天，个别山鸡连产3天休息1天，初产雌雉鸡隔天产1枚蛋的情况较多，每天产蛋时间集中在上午9时至下午3时，下午4时后基本上不产蛋。

第二节 山鸡的主要品种与经济性状

一、地产山鸡

地产山鸡又叫河北亚种雉鸡，是1978—1989年期间由中国农业科学院特产研究所，对野生河北亚种山鸡进行人工驯化选育而成，是我国第一个成功驯化的山鸡品种。

地产山鸡公鸡头部眶上有一对明显的白眉，颈部有较宽且完整的白色颈环，胸部羽毛红褐色，喜活动。母鸡体形较小，腹部羽毛黄褐色。成年公鸡体重1200～1500克，成年母鸡体重900～1100克。

年产蛋量较低，每年产蛋 26～30 枚，蛋重 25～30 克，种蛋受精率大约为 87%，受精蛋孵化率 89%左右。

地产山鸡肉质细嫩，味道鲜美，善于飞翔，保持着较强的野性，放养后能够独立生活，对野外环境的适应能力也很强，非常适合旅游狩猎场和放养场饲养。

二、中国环颈雉

中国环颈雉（图 2-1），俗称野鸡，因羽毛华丽，七彩斑斓，又称七彩山鸡，主要特点是体形大、生长速度快、繁殖力强。其祖先是华东亚种雉鸡，1881 年被美国引入后与蒙古环颈雉杂交，经过 100 多年的精心培育而形成的家养新品种，也称美国七彩山鸡。因其较高的生产性能，1990 年由中国农业科学院特产研究所等单位从美国引进，是我国目前主要饲养品种。

图 2-1　中国环颈雉

中国环颈雉体形较大，略小于家鸡，公鸡头部眶上白眉不明显，颈部有不完全的白色颈环，白色颈环在颈腹部有间断，胸部羽毛呈比较鲜艳的红褐色，上体颜色比地产山鸡深，成年公鸡体重 1500～2000 克；母鸡腹部羽毛灰白色，上体颜色比地产山鸡浅，成年母鸡体重 1000～1500 克。

中国环颈雉生产性能较高，繁殖力强，每年产蛋 70～120 枚，蛋重29～35克，种蛋受精率85%左右，受精蛋孵化率在86%以上。中国环颈雉鸡对外部环境适应性强，育成山鸡可耐受40℃的高温条件和－10℃的寒冷环境，适合我国大部分地区饲养。中国环颈雉驯化程度较高，不善于飞窜，野性小，适合规模化养殖，但不适宜狩猎场养殖。中国环颈雉的缺点是肉质比较粗糙，口感不如地产山鸡。

三、左家雉鸡

左家雉鸡（图2－2）是1991～1996年由中国农业科学院特产研究所，通过中国环颈雉级进两代杂交地产山鸡，再经过四代横交固定选育而成。左家雉鸡是我国唯一自主培育的家养山鸡品种，结合了中国环颈雉优良的繁殖特性和地产山鸡细嫩肉质的特性，具有良好的经济饲养价值。

图2－2　左家雉鸡

左家雉鸡公鸡眼眶上方有一对清晰的白眉，颈部有较宽的白色颈环，颈环不完整，在颈腹部间断，背部棕色，胸部红铜色，腰部羽毛蓝灰色；母鸡背部棕黄色或沙黄色，腹部灰白色。

成年公鸡体重为1500～1700克，母鸡体重1100～1260克。10～11月龄性成熟，年产蛋60～90枚，种蛋受精率在88%左右，受精蛋孵化率87%以上。

左家雉鸡肉质白嫩，肌纤维细，口感很好，优于中国环颈雉，粗蛋白含量较高，必需氨基酸丰富，有很高的营养价值。左家雉鸡既具有地产山鸡较强的野外适应能力和鲜美的肉质，又兼有中国环颈雉的高产性能，目前在我国饲养广泛，主要作肉用和蛋用。

四、黑化雉鸡

黑化雉鸡（图 2－3）因羽毛类似于孔雀，也称孔雀蓝雉鸡，是1990 年中国农业科学院特产研究所从美国威斯康星州麦克法伦雉鸡公司引进。目前对黑化雉鸡的起源说法不一，有的研究认为黑化雉鸡是七彩山鸡的隐性纯合体，也有学者认为黑化雉鸡是由日本绿山鸡突变，或与另一山鸡亚种杂交形成的新品种。

图 2－3　黑化雉鸡

黑化雉鸡公鸡头部和颈部羽毛为淡蓝色至绿色，背部、体侧和肩部羽毛均带有金属绿光泽，颈部羽毛带有紫蓝色光泽，没有白色颈环，瞳孔颜色灰黑色，脚鳞颜色也呈灰黑色，母鸡全身呈黑橄榄棕色。

黑化雉鸡的生产性能与中国环颈雉相近，体形较大，成年公鸡体重 1500～1700 克，成年母鸡体重 1100～1300 克，每年产蛋 70～100 枚，种蛋受精率大约为 85％，受精蛋孵化率 86％左右。

黑化雉鸡肉质细嫩、味道鲜美，蛋白质含量高。该品种山鸡凶猛好斗，对外界不良因素有较强的抵抗力，一般不易患病，容易饲养。同时黑化雉鸡是稀有的山鸡品种，因毛色漂亮，类似于孔雀，具有很高的观赏价值，也可做成标本，在市场上比较抢手，售价也要高于普通山鸡。

五、特大型雉鸡

特大型雉鸡是 1994 年由中国农业科学院特产研究所从美国威斯康星州麦克法伦雉鸡公司引进。该品种山鸡是由蒙古环颈雉选育而成的，因而也称蒙古雉鸡。

公鸡无白眉，颈部有狭窄且不完全的白色颈环，而有的山鸡没有颈环，胸部羽毛深红色。母鸡腹部灰白色，颜色浅。特大型雉鸡体形比较大，成年公、母鸡体重分别为 1900～2200 克和 1500～1800 克。年产蛋 50 枚左右，种蛋受精率为 84%左右，受精蛋孵化率大约为 84%。

特大型雉鸡有体形大、出肉率高的特点，主要作为肉用品种养殖，目前在我国养殖数量极少。

六、浅金黄色雉鸡

浅金黄色雉鸡（图 2-4）是 1994 年中国农业科学院特产研究所从美国威斯康星州麦克法伦雉鸡公司引进的。虽然该品种山鸡产生于美国的加利福尼亚州，但对其种源并不太清楚，大部分学者认为浅金黄色雉鸡是中国环颈雉和蒙古雉鸡的后代。

浅金黄色雉鸡眼睛为棕色，瞳孔为黑色。公鸡头顶和额为灰黄色，无白色颈环或颈环不明显，面部皮肤和肉髯为鲜红色，全身羽毛呈浅金黄色。母鸡无白色颈环，头顶和额部羽毛颜色稍暗于身体

图 2-4　浅金黄色雉鸡

的羽毛，全身羽毛颜色要浅于公鸡。

成年公鸡体重 1400 克左右，母鸡体重为 1000 克左右，年产蛋 40～50 枚，种蛋受精率 86％，受精蛋孵化率 86％以上。浅金黄色雉鸡飞翔能力强，肉质较细嫩，适合于狩猎场养殖。

七、白羽山鸡

白羽山鸡（图 2-5）也称白羽雉鸡，最早是 1930 年由美国威斯康星州麦克法伦雉鸡公司发现的，经过长达数十年的驯化，选育出的具有稳定遗传特性的纯白羽山鸡。最早在美国和日本投入商品化生产，我国于 1997 年进行引进和推广饲养。

白羽山鸡无论公母，全身纯白，没有杂色羽毛，体形较大，体态紧凑，虹膜为灰蓝色，面部皮肤为鲜红色，腿和喙都是白色。公鸡体长 65～75 厘米，体重 1300～1600 克，面部皮肤和两边垂肉鲜红色，耳羽两侧后面各生有两簇白色羽毛向后延伸。母鸡缺少鲜红色的面部皮肤和肉垂，尾部羽毛较短，其余特征与公鸡相似。母鸡体长 45～55 厘米，体重 1100～1400 克。

白羽山鸡体形与七彩山鸡相似，养殖 10 个月即达到性成熟，年产蛋 80～110 枚，种蛋受精率 86％，孵化率与中国环颈雉相近。主

图 2－5 白羽山鸡

要特点为羽毛纯白，颜色不鲜艳，生长速度快，饲养周期短，饲料转化率高，一般在饲养至14～15周龄即可上市，而七彩山鸡一般要饲养到20周才能上市。白羽山鸡肉质结实、风味独特，口感好，出肉率高，家养驯化程度高。白羽山鸡肉还有抑喘补气、清肺止咳等功效，有良好的肉用和蛋用价值，能够带来较好的经济效益。

山鸡主要以放养为主，舍饲为辅的养殖方式，其生产环境多变，且较为粗放，因此要选择适应性强、抗病力强、活动范围广、适合当地风俗习惯的品种进行饲养。地产山鸡、中国环颈雉等都是适合养殖的山鸡品种。

第三章　山鸡的饲料与营养

第一节　常用饲料种类

一、我国饲料分类

近几年根据各位学者的报道，结合我国的具体情况，饲料分类基本上采取国际饲料分类原则，将饲料按性质分为 8 大类，详见表 3－1。

表 3－1　　**我国饲料分类表**

编号（首位）	分类	天然水分含量	干物质中粗纤维含量	干物质中粗蛋白含量
1－00－000	粗饲料	<45%	≥18%	
2－00－000	青饲料	≥60%		
3－00－000	青贮饲料	≥45%		
4－00－000	能量饲料	<45%		
5－00－000	蛋白质饲料	<45%	<18%	<20%
6－00－000	矿物质饲料		<18%	≥20%
7－00－000	维生素饲料			
8－00－000	添加剂			

二、能量饲料

能量饲料是指干物质中粗纤维含量低于18%，粗蛋白含量低于20%的谷实类、糠麸类、草籽树实类、块根块茎类和瓜类等。饲料工业上常用的油脂类、糖蜜类等也属于能量饲料。一般能量饲料干物质的消化能（猪）在10.46兆焦/千克以上，高于12.55兆焦/千克的称为高能饲料。这类饲料是山鸡的重要能量来源。

（一）玉米

玉米又叫玉蜀黍、苞谷、苞米等，是禾本科玉米属一年生草本植物。是高能饲料，适口性好，易消化，而且价廉易得，故有“饲料之王”之称。是谷实类饲料的主体，也是我国主要的能量饲料。玉米的适口性好，没有使用限制。一般玉米可占中国环颈雉日粮的30%～60%。其营养特性如下：

可利用能量高：玉米的代谢能为14.06兆焦/千克，高者可达15.06兆焦/千克，是谷实类饲料中最高的。这主要由于玉米中粗纤维很少，仅2%；而无氮浸出物高达72%，且消化率可达90%；另一方面，玉米的粗脂肪含量高，在3.5%～4.5%之间。

亚油酸含量较高：玉米的亚油酸含量达到2%，是谷实类饲料中含量最高者。

蛋白质含量偏低，且品质欠佳：玉米的蛋白质含量为8.6%左右，且氨基酸不平衡，赖氨酸、色氨酸和蛋氨酸的含量不足。

矿物质：约80%存在于胚部，钙含量很少，约0.02%；磷约含0.25%，但其中约有63%的磷以植酸磷的形式存在，利用率很低。其他矿物元素的含量也较低。

维生素：脂溶性维生素中维生素E较多，约为20毫克/千克，黄玉米中含有较多的胡萝卜素，维生素D和维生素K几乎没有。水溶性维生素中含维生素 B_1 较多，维生素 B_2 和烟酸的含量较少，且烟酸是以结合型存在。

叶黄素：黄玉米中所含叶黄素平均为22毫克/千克，这是黄玉米的特点之一，它对蛋黄、脚、爪等部位着色有重要意义。喂黄玉米有利于中国环颈雉的生长、产蛋。

玉米的主要营养成分见表3-2。

表3-2　玉米主要营养成分　%

水分	粗蛋白	粗脂肪	粗纤维	粗灰分	无氮浸出物
11.3	7.2	4.8	1.2	1.4	73.9

玉米由于品种不同，生长地区的差异，其营养成分也有差别。即使同一品种，由于生产地的不同其养分亦不完全一致。我国饲用玉米分级标准见表3-3。

表3-3　我国饲用玉米分级标准

质量指标	一级	二级	三级
粗蛋白（%）	≥9.0	≥8.0	≥7.0
粗纤维（%）	<1.5	<2.0	<2.5
粗灰分（%）	<2.3	<2.6	<3.0

注：水分含量一般地区不超过14.0%，东北、内蒙古地区不超过18.0%。

（二）高粱

高粱是世界上四大粮食作物之一，与玉米之间有很高的替代性，其用量可根据二者的差价及高粱中单宁的含量而定。其营养特性如下：

蛋白质：高粱粗蛋白含量略高于玉米，一般为9%～11%，但同样品质不佳，缺乏赖氨酸和色氨酸。从分类上看，高粱蛋白质与玉米蛋白质类似，但高粱的蛋白质不易消化，这是因为高粱醇溶蛋白的分子间交联较多，而且蛋白质与淀粉间存在很强的结合键，致使酶不易进入分解。

脂肪：高粱所含脂肪低于玉米，脂肪酸组成中饱和脂肪酸比玉米稍多一些，所以脂肪的熔点高。此外，亚油酸含量较玉米低，约为1.13%。

碳水化合物：高粱淀粉含量与玉米相近，淀粉粒的形状与大小也相似，但高粱淀粉粒受蛋白质覆盖程度较高，故消化率较低，使高粱的有效能值低于玉米。

矿物质与维生素：矿物质中磷、镁、钾含量较多而钙含量少，其中40%～70%的磷为植酸磷。维生素 B_1 含量与玉米相同，泛酸、烟酸、生物素含量多于玉米。烟酸以结合型存在，利用率低。生物素在肉用仔鸡的利用率只有20%。

单宁：单宁是水溶性的多酚化合物，又称鞣酸或单宁酸。通常将单宁分为水解单宁和缩合单宁。高粱籽实中的单宁为缩合单宁，一般含单宁1%以上者为高单宁高粱，低于0.4%的为低单宁高粱。单宁含量与籽粒颜色有关，色深者单宁含量高。单宁的抗营养作用主要是苦涩味重，影响适口性；与蛋白质及消化酶类结合，干扰消化过程，影响蛋白质及其他养分的利用率。高粱单宁的某些毒性作用经过肠道吸收后出现，故喂量不宜过多，以5%～10%为宜。

（三）稻谷与糙米

稻谷是世界上最重要的谷物之一，在我国居谷实产量首位，约占粮食总产量的1/2。稻谷主要用于加工成大米后作为人类的粮食，当生产过剩或缓解玉米供应不足时方用作饲料，但常常是经长期贮存的旧糙米、陈大米及加工厂的碎米等。

稻谷作为饲料，其营养价值与燕麦相似，因有粗硬的外壳，粗纤维含量较高，可达 9%以上，故能量价值较低，仅为玉米的 67%～85%。粗蛋白含量为 8.3%，赖氨酸和蛋氨酸的含量也较玉米低，一般可占日粮的 10%～20%。

若砻去外壳，分出糙米与砻糠两部分，则糙米的粗纤维含量可降到 1%左右，能值也上升为谷实类之首，是玉米能量价值的 102%以上。糙米含粗蛋白 7%～9%，必需氨基酸含量和组成也没有突出的优越性，亮氨酸含量稍低。糙米含粗脂肪 2%左右，其脂肪酸组成以油酸（45%）及亚油酸（33%）为主。糙米淀粉含量高达 75%左右，淀粉微粒呈多角形，易糊化。矿物质含量不多，约占 1.3%，主要在种皮及胚中，含钙少，磷虽多但以植酸磷居多，磷的利用率只有 16%。糙米中 B 族维生素含量较高，但β-胡萝卜素几乎没有。稻谷去皮壳后加工成的碎大米，易消化，便于雏雉啄食，可占日粮的 20%～40%。

（四）小麦

小麦的能值略低于玉米，这是由于其粗脂肪含量低所致，只相当于玉米的一半不到。小麦的特点是粗蛋白含量高，为玉米含量的 150%，因而各种氨基酸的含量高于玉米，但苏氨酸含量按其占蛋白质的组成来说，明显不足。小麦含 B 族维生素和维生素 K 较多，但维生素 A、维生素 D、维生素 C、维生素 K 含量很少。生物素的利用率比玉米、高粱要低。矿物质中钙少磷多，铜、锰、锌等含量较玉米为高。小麦的用量可占日粮的 10%～20%。

（五）糠麸类饲料

谷实经加工后形成的一些副产品，即为糠麸类，包括米糠、小麦麸、大麦麸、玉米糠、高粱糠、谷糠等。糠麸主要由种皮、外胚乳、糊粉层、胚芽、颖稃纤维残渣等组成。糠麸成分不仅受原粮种类影响，而且还受原粮加工方法和精度影响。与原粮相比，糠麸中粗蛋白（10%～15%），粗纤维（10%左右），B族维生素、矿物质等含量较高，无氮浸出物含量低，为40%～61%，故属于一类有效能较低的饲料。糠麸类饲料所含的磷多是植酸磷，达70%左右，植酸磷对山鸡利用率低。另外，糠麸结构疏松、体积大、容重小、吸水膨胀性强，有一定的轻泻作用。

1. 小麦麸

小麦麸俗称麸皮，是小麦制粉后的副产品，一般是留在20目左右筛上的粗麸。制粉最后阶段分离出来的更细的一部分称为尾粉（次粉），前者占整粒的23%～25%，后者占3%～5%，可把两者混合起来，统称为小麦麸。我国饲用小麦麸分级标准见表3－4。

表3－4　我国饲用小麦麸分级标准

质量指标	一级	二级	三级
粗蛋白（%）	≥15.0	≥13.0	≥11.0
粗纤维（%）	<9.0	<10.0	<11.0
粗灰分（%）	<6.0	<6.0	<6.0

注：水分含量不超过13.0%。

粗蛋白含量较高，为12%～15%；赖氨酸含量较高，为0.5%～0.6%；含B族维生素和维生素E丰富；质地松软，具有轻泻性。

粗纤维含量高，消化率较低；有效能值低；赖氨酸利用率较低；含脂肪4%左右，以不饱和脂肪酸居多，易变质生虫；其最大缺点是钙、磷含量比例很不平衡，在干物质中钙的含量为0.16%，而磷为1.31%，钙、磷比为1∶8。因此用麦麸作饲料时，应特别注意钙的补充，用量一般可占日粮的5%～15%。

由于麸皮的吸水性强，在干饲较大量的麸皮时也可能造成便秘，应当注意。在保存过程中，麸皮易发霉变质，所以应注意通风干燥。

2. 稻糠

水稻加工后的副产品称作稻糠。稻糠可分为砻糠、米糠和统糠。砻糠是稻谷的外壳或其粉碎品。稻壳中仅含3%的粗蛋白，但粗纤维含量在40%以上，且粗纤维中半数以上为木质素。砻糠的饲用价值很低。米糠是糙米精制时产生的果皮、种皮、外胚乳和糊粉层等的混合物。米糠的营养价值取决于大米的加工程度，精制程度越高，米糠中混入的胚乳越多，饲用价值越大。由于米糠所含脂肪多，易氧化酸败，不能久存，所以常对其脱脂生产米糠饼或米糠粕。统糠为砻糠和米糠的混合物，有两种类型，一是稻谷直接加工白米后分离出的糠，二是人为地将砻糠和米糠混合而成。这里我们着重介绍一下米糠的特性，我国饲用米糠分级标准见表3-5。

表3-5　　我国饲用米糠分级标准

质量指标	一级	二级	三级
粗蛋白（%）	≥13.0	≥13.0	≥11.0
粗纤维（%）	<6.0	<7.0	<8.0
粗灰分（%）	<6.0	<9.0	<10.0

注：水分含量不得超过13.0%。

米糠的粗蛋白含量比麸皮低，但比玉米高，品质也比玉米好，赖氨酸含量高达0.55%。米糠的粗脂肪含量很高，可达15%，比同类饲料高得多，约为麦麸、玉米糠的3倍多，因而能值也位于糠麸类饲料之首。其脂肪酸的组成多属不饱和脂肪酸，油酸和亚油酸占79.2%，脂肪中还含有2%～5%的天然维生素E。米糠除富含维生素E外，B族维生素含量也很高，但缺乏维生素A、维生素D、维生素C。米糠粗灰分含量高，但钙、磷比例极不平衡，磷含量高，但所含磷约有86%属植酸磷，此外米糠中锰、钾、镁含量较多。

未脱脂米糠易酸败变质，不易贮存；米糠中存在着高活性的抗胰蛋白酶因子，如果多喂未经失活处理的米糠，就可引起蛋白质的消化不良。

米糠是能值最高的糠麸类饲料，新鲜米糠适口性好，饲用价值相当于玉米的80%～90%。但米糠中脂肪多，且主要是不饱和脂肪酸，易氧化、酸败、发热和发霉，不仅影响米糠的适口性，降低其营养价值，而且还产生有害物质。所以全脂米糠不能久存，要使用新鲜的米糠，酸败变质的米糠不能饲用。米糠中含胰蛋白酶抑制因子和生长抑制因子，通过加热可破坏这些抗营养因子，所以米糠宜熟喂或制成脱脂米糠后饲喂。脱脂米糠（米糠饼、米糠粕）储存期可适当延长，因其中还含有相当量的脂肪，仍不能久存，对脱脂米糠也应及时使用。日粮中可占5%～15%。

3. 其他糠类：如粟糠、高粱糠等，纤维含量高，质量差，日粮中所占比例应以少为宜。

（六）块根块茎及瓜类饲料

块根块茎及瓜类饲料包括胡萝卜、甘薯、木薯、饲用甜菜、芜菁甘蓝（灰萝卜）、马铃薯、菊芋块茎、南瓜及番瓜等。它们不仅种类不同，而且化学成分各异。但从饲用角度来看有着一些共同的地方。

根茎瓜类最大的特点是水分含量很高，达75%～90%，去籽南瓜高达93.6%，相对地干物质含量很少，这就使它们的每单位质量的鲜饲料中所含的营养成分降低。每千克鲜样中含消化能不过1.80～4.69兆焦，南瓜只有1.05兆焦，因而也属于大容积饲料。但从干物质的营养价值来看，它们可以归属于能量饲料。特别是在国外，这些饲料大多是制成干制成品后用作饲料的，这就更符合能量饲料的条件了。

就干物质而言，它们的粗纤维含量较低，有的在2.1%～3.24%之间，有的在8%～12.5%之间。无氮浸出物含量很高，达67.5%～88.1%，而且大多是易消化的糖分、淀粉或戊聚糖，故它们含有的消化能较高，每千克干物质含有13.81～15.82兆焦的消化能。但是它们也具有能量饲料的一般缺点，其中有些甚于谷实类。如甘薯、木薯的粗蛋白含量只有4.5%与3.3%，而且其中有相当大的比例是属于非蛋白质态的含氮物质。一些主要矿物质与某些B族维生素的含量也不够。南瓜中维生素B_2含量可达13.1微克/克，这是难得的。甘薯和南瓜中均含有胡萝卜素，特别在胡萝卜中其胡萝卜素含量能达430微克/克，这是极宝贵的特点。此外，块根与块茎饲料中富含钾盐。

1. 甘薯

甘薯又名番薯、红苕、地瓜、山芋、红（白）薯等，是我国种植最广、产量最大的薯类作物。甘薯块根多汁，富含淀粉，是很好的能量饲料。鲜甘薯含水量约70%，粗蛋白含量低于玉米。鲜喂时(生的、熟的或者青贮)，其饲用价值接近玉米。

甘薯忌冻，必须贮存在13℃左右的环境下。当温度高于18℃、相对湿度为80%时，会发芽。黑斑甘薯味苦，含有毒性酮，应禁用。腐软甘薯可煮后喂猪，无不良反应。为便于贮存和饲喂，甘薯块常切成片，晾晒制成甘薯干备用。

2. 马铃薯

马铃薯又叫土豆、地蛋、山药蛋、洋芋等。其茎叶可用作青贮料；块茎干物质中80%左右是淀粉，可用作动物的能量饲料。按单位面积生产的可消化能和粗蛋白含量要比一般作物乃至玉米还高。

在适宜的栽培条件下，其块茎产量很高，亩产量可达2500～3000千克。其营养价值也很好，消化率比较高。

马铃薯、甘薯煮熟后饲喂，中国环颈雉易采食、消化；但要注意，发芽的马铃薯含有毒物质，不宜使用。

3. 胡萝卜

胡萝卜可以列入能量饲料，但由于它的鲜样中水分含量多、容积大，因此在生产实践中并不依赖它来供给能量。它的作用主要是在冬季饲养动物时作为多汁饲料和供给胡萝卜素。由于胡萝卜中含有一定量的蔗糖以及它的多汁性，在冬季青饲料缺乏时，日粮中加一些胡萝卜可以改善日粮的口味，调节山鸡的消化功能。

（七）油脂类

植物油和动物油热能高，为碳水化合物的2.25倍，植物油比动物油容易吸收。青年山鸡的日粮中添加2%的脂肪，可加快商品山鸡的生长速度。

三、蛋白质饲料

蛋白质饲料是指干物质中粗纤维含量在18%以下，粗蛋白含量高于20%的饲料。与能量饲料相比，本类饲料蛋白质含量很高，且品质优良，在能量价值方面则差别不大，或者略偏高，当然在其他方面，如维生素、矿物质等不同种类饲料各有差别。蛋白质饲料可分为植物性蛋白质饲料、动物性蛋白质饲料和单细胞蛋白质饲料。山鸡常用的蛋白质饲料包括大豆籽实、各种饼粕和鱼粉等。

（一）全脂大豆

大豆原产于我国东北，根据种皮颜色可分成黄、青、黑、褐等色，以黄种最多而得名黄豆，其次为黑豆。

大豆籽实属于蛋白质含量和脂肪含量都高的蛋白质饲料，如黄豆和黑豆的粗蛋白含量分别为37%和36.1%，粗脂肪含量分别为16.2%和14.5%。而且大豆的蛋白质品质较好，主要表现在植物蛋白质中，最缺的限制因子之一的赖氨酸含量较高，如黄豆和黑豆的赖氨酸含量分别为2.30%和2.18%，唯一的缺点是蛋氨酸一类的含硫氨基酸不足。大豆脂肪含不饱和脂肪酸甚多，其中必需脂肪酸亚油酸可占55%，因属不饱和脂肪酸，故易氧化，应注意温度、湿度等贮存条件。脂肪中还含有1%的不皂化物，由植物固醇、色素、维生素等组成。另外还含有1.8%～3.2%的磷脂类，具有乳化作用。

碳水化合物含量不高，其中蔗糖占27%，水苏糖16%，阿戊糖18%，半乳糖22%，纤维素18%。其中阿聚糖、半乳聚糖和半乳糖酸相结合而形成黏性的半纤维素，存在于大豆细胞膜中，有碍消化。淀粉在大豆中含量甚微，仅为0.4%～0.9%。

矿物质中以钾、磷、钠居多，其中磷约有60%属植酸磷，钙的含量高于谷实类，但仍低于磷。在维生素方面与谷实类相似，但维生素B_1和维生素B_2的含量略高于谷实类。

生大豆含有一些有害物质或抗营养成分，如胰蛋白酶抑制因子、血细胞凝集素（PHA）、致甲状腺肿物质、抗维生素、赖丙氨酸、皂苷、雌激素、胀气因子等，它们影响饲料的适口性、消化性与动物的一些生理过程。但是这些有害成分中除了后三种较为耐热外，其他均不耐热，经湿热加工可使其丧失活性。

将全脂大豆经焙炒、压扁、微波处理、挤压处理以及制粒等工艺处理后饲喂畜禽，有良好的饲养效果。在饲料中可完全取代大豆粕，能提高蛋重。

（二）饼粕类饲料

富含脂肪的豆类籽实和油料籽实提取油后的副产品统称为饼粕类饲料。经压榨提油后的饼状副产品称作油饼，包括大饼和瓦片状饼；经浸提脱油后的碎片状或粗粉状副产品称为油粕。油饼、油粕是我国主要的植物蛋白质饲料，使用广泛，用量大。常见的有大豆饼粕、棉籽（仁）饼粕、菜籽饼粕、花生（仁）饼粕、胡麻饼粕、向日葵（仁）饼粕，此外，还有数量较少的芝麻饼粕、蓖麻饼粕、红花饼粕和棕榈饼粕等。饲料中使用的主要是大豆饼粕、棉籽（仁）饼粕、菜籽饼粕等。

饼粕类饲料的营养价值很高，可消化蛋白质含量31.0%～40.8%，氨基酸组成较完全，禾谷类籽实中所缺乏的赖氨酸、色氨酸、蛋氨酸，在饼粕类饲料中含量都很丰富。苯丙氨酸、苏氨酸、组氨酸等含量也不少。因此，饼粕类饲料中粗蛋白的消化率、利用率均较高。粗脂肪含量随加工方法不同而异，一般经压榨法生产的饼粕类脂肪含量为5%左右。无氮浸出物约占干物质的1/3（22.9%～34.2%）。粗纤维含量，加工时去壳者含6%～7%，消化率高。饼粕类饲料含磷量比钙多。B族维生素含量高，胡萝卜素含量很少。

1. 豆饼和豆粕

油料作物大豆（黄豆）经榨油后的副产品，可分豆粕和豆饼两种。豆粕是经浸提法制油而得的副产品，而豆饼是压榨法去油后所得的副产品。由于加工工艺的不同，二者的内在质量也有差异。一般而言，豆饼中的油脂含量高于豆粕。

大豆饼粕是目前使用最广泛、用量最多的植物性蛋白质原料，世界各国普遍采用。其他饼粕类的使用与否以及使用量都以与大豆饼粕的比价来决定。与其他饼粕类相比，大豆饼粕具有以下优点：①风味好，色泽佳，具有很高的商品价值；②成分变异少，质量较稳定，数量多，可经常大量供应；③氨基酸组成平衡，消化率高，可改进饲养效果；④合理加工的大豆饼粕不含抗营养因子，使用时无需考虑用量的限制；⑤不易变质，故霉菌、细菌污染较少。

豆饼（粕）的粗蛋白含量较高，一般在40%～48%。必需氨基酸的含量高，组成合理，尤其是赖氨酸的含量，是饼粕类饲料中含量最高者，可达2.4%～2.8%，是棉仁饼、菜籽饼、花生饼的2倍左右。蛋氨酸含量略显不足，为0.5%～0.7%，以玉米-大豆饼粕为主的日粮要额外添加蛋氨酸才能满足营养需求。大豆饼粕色氨酸、苏氨酸含量也很高，与谷实类饲料配合可起到互补作用。胡萝卜素含量少，胆碱含量丰富，可达2000～2500毫克/千克。我国饲用豆饼（粕）分级标准见表3-6。

表3-6　我国饲用豆饼（粕）分级标准

质量指标	一级		二级		三级	
	豆粕	豆饼	豆粕	豆饼	豆粕	豆饼
粗蛋白（%）	≥44.0	≥41.0	≥42.0	≥39.0	≥40.0	≥37.0
粗纤维（%）	<5.0	<5.0	<6.0	<6.0	<7.0	<7.0
粗灰分（%）	<6.0	<6.0	<7.0	<7.0	<8.0	<8.0
粗脂肪（%）		<8.0		<8.0		<8.0

注：脲酶活性不得超过0.4%，水分含量不得超过13.0%。

生豆粕中存在抗胰蛋白酶、尿素酶、血球凝集素、皂苷、甲状腺肿诱发因子、抗凝固因子等有害物质。这些物质降低豆粕的消化率和生物学价值，生豆粕适口性差，饲用后易腹泻，所以在饲喂前要经过热处理。生豆粕加热可减少喂量，降低了成本，增加了经济效益。大豆饼粕一般可占日粮的10%～40%。

2. 棉籽饼粕

棉籽饼粕是棉籽经脱壳去油后的副产品，因脱壳程度不同，通常又将去壳的叫作棉仁饼粕。棉籽经螺旋压榨法和预压浸提法，得到棉籽饼和棉籽粕。

粗纤维含量主要取决于制油过程中棉籽脱壳程度。棉籽饼粕粗纤维含量较高，达13%以上，有效能值低于大豆饼粕。脱壳较完全的棉仁饼粕粗纤维含量约12%，代谢能水平较高。棉籽饼粕粗蛋白含量较高，达34%以上，棉仁饼粕粗蛋白可达41%～44%。氨基酸中赖氨酸缺乏，仅相当于大豆饼粕的50%～60%，精氨酸含量较高，蛋氨酸、色氨酸都高于大豆饼粕。矿物质中钙少磷多，其中71%左右为植酸磷，含硒少。胡萝卜素、维生素D含量少，维生素B_1含量较多，为4.5～7.5毫克/千克，烟酸39毫克/千克，泛酸10毫克/千克，胆碱2700毫克/千克。棉籽饼粕中的抗营养因子主要为棉酚、环丙烯脂肪酸、单宁和植酸。

影响棉籽饼饲料价值的因素是棉籽酚含量的多少。劣质棉籽饼是含棉酚多，尤其是游离棉酚多，赖氨酸含量少，且利用率不好。优质棉籽饼是游离棉酚少，含量在0.02%以下（结合型棉酚在体内不吸收，被原样排出），蛋白质和赖氨酸含量多。棉籽饼游离棉酚含量较高者，喂前要粉碎并加硫酸亚铁0.5%，使棉酚与铁结合去毒。一般控制在日粮的5%～10%以内。

3. 菜籽饼粕

菜籽饼粕是油菜籽榨油后的副产品，是良好的蛋白质饲料，但因含有毒物质，使其应用受到限制。菜籽粕的合理利用是解决我国蛋白质饲料资源不足的重要途径之一。

菜籽饼粕虽营养价值不如大豆饼粕，但均含有较高的粗蛋白，为34%～38%，可消化蛋白质为27.8%，蛋白质中非降解蛋白比例较高；氨基酸组成平衡，含硫氨基酸较多，精氨酸含量低，精氨酸与赖氨酸的比例适宜，是一种良好的氨基酸平衡饲料。粗纤维含量较高，为12%～13%。碳水化合物为不易消化的淀粉，且含有8%

的戊聚糖。矿物质中钙、磷含量均高，但大部分为植酸磷，富含铁、锰、锌、硒，尤其是硒含量远高于豆饼。维生素中胆碱、叶酸、烟酸、维生素 B_2、维生素 B_1 均比豆饼高，但胆碱与芥子碱呈结合状态，不易被肠道吸收。菜籽饼粕含有硫葡萄糖苷、芥子碱、植酸、单宁等抗营养因子，影响其适口性。“双低”菜籽饼粕与普通菜籽饼粕相比，粗蛋白、粗纤维、粗灰分、钙、磷等常规成分含量差异不大，“双低”菜籽饼粕有效能略高。赖氨酸含量和消化率显著高于普通菜籽饼粕，蛋氨酸、精氨酸略高。

菜籽饼粕因含有多种抗营养因子，饲喂价值明显低于大豆粕。近年来，国内外培育的“双低”（低芥酸和低硫葡萄糖苷）品种已在我国部分地区推广，并获得较好效果。低毒品种菜籽饼粕饲养效果明显优于普通品种，可提高使用量。一般控制在日粮的 5%～10% 以内。

4. 玉米蛋白粉

玉米蛋白粉是玉米淀粉厂的主要副产物之一，为玉米除去淀粉、胚芽、外皮后剩下的产品。粗蛋白含量 35%～60%，其氨基酸组成不佳，亮氨酸含量高达 7.0%～11.5%，蛋氨酸含量 1.0%～1.4%，精氨酸含量较高，为 1.3%～1.9%；赖氨酸和色氨酸严重不足，赖氨酸含量 0.7%～0.9%，色氨酸含量较低，约 0.3%，赖氨酸：精氨酸比为（100：200）～（100：250），与理想比值相差甚远。粗纤维含量（1.0%～1.6%）低，易消化。粗脂肪高，为 5.0%～6.0%；矿物质含量少，钙少（0.07%）、磷多（0.44%），钙磷比例不平衡；铁 230～400 毫克/千克，铜 1.9～28.0 毫克/千克，锌 19～25 毫克/千克，锰 5.5～7.0 毫克/千克，硒 0.02～1.00 毫克/千克。维生素中胡萝卜素含量较高，B 族维生素少；富含色素，主要是叶黄素和玉米黄质，前者是玉米含量的 15～20 倍。有效能含量高，干物质中产奶净能为7.87～8.20毫克/千克，综合净能为8.11～8.53兆焦/千克。在使用玉米蛋白粉的过程中，应注意霉菌含量，尤其是黄曲霉毒素含量。

5. 玉米酒精糟

玉米酒精糟是以玉米为主要原料用发酵法生产酒精时的蒸馏液经干燥处理后的副产品。根据干燥浓缩蒸馏液的不同成分而得到不同的产品，可分为干酒精糟（DDG）、可溶干酒精糟（DDS）和干酒精糟液（DDGS）。DDG是用蒸馏废液的固体物质进行干燥得到的产品，色调鲜明，也叫透光酒糟。DDS是用蒸馏废液去掉固体物质后剩余的残液进行浓缩干燥得到的产品。DDGS是DDG和DDS的混合物，也叫黑色酒糟。

玉米酒精糟因加工工艺与原料品质差别，其应有成分差异较大。一般粗蛋白含量在26%～32%之间，氨基酸含量和利用率均不理想，蛋氨酸（0.5%～0.8%）和赖氨酸（0.5%～0.9%）含量稍高，色氨酸（0.2%～0.3%）明显不足。粗脂肪含量为9.0%～14.6%，粗纤维为4.0%～11.5%，无氮浸出物较低，为33.7%～43.5%。矿物质中钙少磷多，钙为0.2%～0.4%，磷为0.7%～1.3%，铁300～560毫克/千克，铜25～83毫克/千克，锌55～85毫克/千克，锰22～74毫克/千克，硒0.3～0.5毫克/千克。玉米酒精糟的能值较高，DDG干物质中产奶净能为7.95兆焦/千克，综合净能为8.67兆焦/千克；DDGS干物质中产奶净能为8.54兆焦/千克，综合净能为9.19兆焦/千克。玉米酒精糟中含有未知生长因子。

（三）动物性蛋白饲料

1. 鱼粉

鱼粉是一种最常用的蛋白质饲料，优质鱼粉是整体鱼粉分离出油脂后干燥加工而制成的。由于加工原料及工艺条件等的不同，各地生产的鱼粉质量差异很大，使用时应注意其内在质量。

优质鱼粉的粗蛋白含量高达 60%以上，质量好，氨基酸平衡，赖氨酸、蛋氨酸的含量高，分别达到 4.9%和 1.8%；B 族维生素含量丰富，尤其富含维生素 B_{12}；鱼粉中含有未知的促生长因子，可促进动物的生长和代谢；钙、磷含量高（钙 5%～8%，磷 3%～4%）而且平衡；由于它的氨基酸平衡，所以生物利用率高。

鱼粉对雏雉生长和成雉产蛋、配种都极有益，是山鸡养殖业中最理想的动物性饲料。鱼粉价格较贵，一般可占日粮的 3%～10%；也有个别配方达到 15%的。咸鱼粉用量不能过大，否则会引起鸡肌胃发生糜烂或溃疡。

此外，鱼粉中的脂肪含量高，约 10%，且富含不饱和脂肪酸，所以不耐贮存，应贮存在通风和干燥之处；当鱼粉贮存不当或在高温、高湿条件下容易产生霉变与虫害，导致品质恶化，甚至腐败；鱼粉的鱼腥味较重，使用不当会影响肉的风味和品质。

2. 羽毛粉

含有近 80%的蛋白质，但其适口性差，而且蛋氨酸、赖氨酸等氨基酸含量低。适量使用可补充日粮中蛋白质不足，并且有利于防止啄癖发生，一般可占日粮的 1%～3%。

3. 肉粉、肉骨粉和血粉

肉粉粗蛋白含量达 55%左右，含赖氨酸较多，而蛋氨酸含量不如鱼粉，一般可占日粮的 3%～10%，肉骨粉粗蛋白含量为 53%左右，消化率较肉粉低；血粉粗蛋白含量超过 80%，但蛋白质中氨基酸不完全，且消化率很低。后二者用量一般较小。

4. 饲料酵母

饲料酵母专指以淀粉、糖蜜以及味精、酒精等高浓度有机废液等碳水化合物为主要原料，经液态通风培养酵母菌，并从其发酵料中分离酵母菌体（不添加其他物质）经干燥后制得的产品。应用的主要酵母菌有产朊假丝酵母菌、热带假丝酵母菌、圆拟酵母菌、球拟酵母菌、酿酒酵母菌。在单细胞蛋白饲料中饲料酵母利用得最多。根据原料及生产干燥的方法不同，饲料酵母有基本干酵母（粗蛋白不低于40%）、活性干酵母（每克含1500万个活酵母）、照射酵母（经紫外线干燥）、蒸馏干酵母（酿酒液在蒸馏前后得到的植物性非发酵酵母干燥而成）、纸浆废液酵母（纸浆废液为培养基、接种假丝酵母培养的产品）和啤酒酵母。

饲料酵母因原料及工艺不同，其营养组成有相当大的变化。液态发酵粉粒干燥的纯酵母粉含粗蛋白45%～60%，如酒精液酵母45%，味精菌体酵母62%，纸浆废液酵母46%，啤酒酵母52%。固态发酵制得的酵母混合物在30%～45%。氨基酸组成中赖氨酸（5.5%～7.9%）、缬氨酸（5.0%～6.9%）、苏氨酸（4.3%～5.1%）、亮氨酸（5.2%～8.3%）等几种重要的必需氨基酸含量较高，精氨酸（3.6%～5.6%）和色氨酸（1.1%～1.6%）含量较低，而含硫氨基酸（蛋氨酸＋胱氨酸2.0%～3.0%）很低。粗纤维低，为2.0%～4.8%。粗脂肪含量低，为0.6%～2.3%。粗灰分为5.7%～8.4%。矿物质中，钙少，磷、钾含量高，富锌和硒，尤其含铁量很高。维生素中B族维生素丰富，烟酸、胆碱、维生素B_2、泛酸和叶酸含量很高，但胡萝卜素和维生素B_{12}含量较低。饲料酵母中含有未知生长因子。

工业生产的蛋白质饲料，粗蛋白含量为45%～70%，并含有较多的维生素和矿物质，总营养价值介于动物性蛋白质饲料和植物性蛋白质饲料之间，一般可占日粮的2%～5%。近年来在酵母的综合利用中，也有先提取酵母中的核酸再制成脱核酵母粉的。同时酵母产品不断开发，如含硒酵母、含铬酵母、含锌酵母已有了商品化产品，均有其特殊营养功能。

5. 禽蛋

禽蛋含有大量的蛋白质、脂肪、维生素和无机盐等，但维生素C含量低。生蛋的消化率低，熟蛋的消化率高。

此外，其他动物性蛋白质饲料（如昆虫、河虾、蚌肉、小鱼、鱼下脚、非传染死亡的家畜等），均可适量搭配使用，以补充日粮中蛋白质的不足。一般昆虫和个体很小的鱼虾可直接生喂，其余宜充分煮熟后饲喂。

四、矿物质饲料

矿物质饲料是补充动物矿物质需要的饲料。它包括人工合成的、天然单一的和多种混合的矿物质饲料，以及配合有载体或赋形剂的痕量、微量、常量元素补充料。矿物质元素在各种动植物饲料中都有一定含量，虽多少有差别，但由于动物采食饲料的多样性，往往可以相互补充而满足动物对矿物质的需要。但在舍饲条件下或在高产动物等情况下，动物对它们的需要量增多，这时就必须在动物的日粮中另行添加所需的矿物质。

（1）食盐　是维持机体体液渗透压的主要物质，并且还参与机体水的代谢。食盐中的氯离子是胃液中的主要负离子，它与 H^+ 结合成盐酸，从而使胃蛋白酶活化，并使胃液呈酸性，具有杀菌作用。钠大量存在于肌肉中，使肌肉的兴奋性加强，对心肌活动起调节作用。

食盐是石盐（海盐、井盐和岩盐）经加工净化而成。精制食盐外观为白色粉末或结晶粉末，无可见杂质，含氯化钠98%以上，含氯60.3%，含钠39.7%，此外尚有少量的钙、镁、硫等杂质，水不溶物不大于1.6%。食用盐为白色细粒，工业用盐为粗粒结晶。由于食盐吸湿性强，相对湿度达75%以上时食盐开始潮解。作为载体的食盐必须保持含水量在0.5%以下，并妥善保管。

植物性饲料大都含钠和氯较少，补充食盐除了维持体液渗透压和酸碱平衡外，还可刺激唾液分泌，参与胃酸形成，提高饲料适口性，增强食欲，具有调味剂的作用。一般占日粮的0.2%～0.5%。喂咸鱼粉时，应搞清其中的含盐量，然后确定添加量，以免日粮中食盐过多而引起中毒。

（2）石粉　是天然的碳酸钙（$CaCO_3$），由天然矿石经筛选后粉碎、筛分而成的产品。一般含杂质不超过5%，因含杂质不同，颜色有灰色、灰白色、灰黑色、浅黄色、褐色或浅红色等。相对密度2.2～2.9。一般含纯钙35%以上，是补充钙的最廉价、最方便的矿物质原料。按干物质计，石粉的成分与含量如下：灰分96.9%、钙35.89%、氯0.03%、铁0.35%、锰0.027%、镁2.06%。依用途的不同，其粉碎粒度亦有差异。如禽类稍粗，家畜类则要求细粉，一般以中等为好，一般为40～80目（0.42～0.18毫米）。天然的石灰石，只要铅、汞、砷、氟的含量不超过安全系数，都可用作饲料。

石粉生物学利用率较好，成本低廉，货源充足。在消化道中可分解为钙和碳酸，钙被吸收后可促进机体生长发育，维持正常生理功能。石粉可以用作微量元素的载体，流动性好，不吸水，但承载性能略次于沸石和麦饭石。在雏雉日粮中可占1%左右，在成雉日粮中可占2%～5%。

（3）贝壳粉　是各种贝类外壳（蚌壳、牡蛎壳、蛤蜊壳、螺蛳壳等）经加工粉碎而成的粉状或粒状产品，多呈灰白色、灰色、灰褐色。主要成分也为碳酸钙，含钙量应不低于33%。品质好的贝壳粉杂质少，含钙高，呈白色粉状或片状。粒度以25%通过50目筛为宜。在雏雉日粮中可占1%左右，在成雉日粮中可占2%～5%。

贝壳粉内常掺杂砂石和泥土等杂质，使用时应注意检查。另外若贝肉未除尽，加之贮存不当，堆积日久易出现发霉、腐臭等情况，这会使其饲料价值显著降低。选购及应用时要特别注意。

（4）蛋壳粉　禽蛋加工厂或孵化厂收集的蛋壳，经干燥灭菌、粉碎后即得到蛋壳粉。无论蛋品加工后的蛋壳或孵化出雏后的蛋壳，都残留有壳膜和一些蛋白，因此除了含有34%左右的钙外，还含有7%的蛋白质及0.09%的磷。蛋壳粉是理想的钙源饲料，利用率高，用于饲料中，与贝壳粉同样具有增加蛋壳硬度的效果。在雏雉日粮中可占1%左右，在成雉日粮中可占2%～5%。应注意蛋壳干燥的温度应超过82℃，以消除传染病源。

（5）磷酸氢钙　是白色或灰白色的粉末或粒状产品，分为无水盐（$CaHPO_4$）和二水盐（$CaHPO_4 \cdot 2H_2O$）两种，后者的钙、磷利用率较高。磷酸氢钙是在干式法磷酸液或精制湿式法磷酸液中加入石灰乳或磷酸钙而制成的。商品中除含无水磷酸氢钙外，还含少量磷酸二氢钙及未反应的磷酸钙。一般含磷大于18%，含钙大于21%，饲料级磷酸氢钙应注意脱氟处理。

（6）骨粉　是动物的骨头经加工而成的。饲料工业上用的骨粉一般均为脱胶骨粉，未脱胶的骨粉很少应用。因为畜、禽对未脱胶骨粉的利用率极差。骨粉一般含钙30%～32%，含磷13%～15%；同时还含有某些微量元素。它是钙、磷的良好来源。

（7）沙砾　有助于加强肌胃的研磨力，减少啄癖的发生。给雏雉撒少许细沙即可，而青年雉和成雉应在雉舍中设置沙池，任其自由啄食。

五、青饲料

青饲料包括人工播种栽培的各种牧草，其种类很多，以产量高、营养好的豆科和禾本科为首选。也包括栽培青饲作物，主要有青刈玉米、青刈大麦、青刈燕麦等。栽培牧草和青饲作物是解决青饲料来源的重要途径，可常年提供丰富而均衡的青饲料。

（一）青饲料的营养特性

1. 水分含量高　陆生植物的水分含量为60%～80%，而水生植物可高达90%～95%。因此，其鲜草的干物质少，热能值较低。

2. 蛋白质含量较高　一般禾本科植物和叶菜类饲料的粗蛋白含量在1.5%～3%之间，豆科青饲料在3.2%～4.4%之间。若按干物质计算，前者粗蛋白含量达13%～15%，后者可高达18%～24%，且氨基酸组成比较合理，含有各种必需氨基酸，尤其是赖氨酸、色氨酸含量较高，蛋白质的生物学价值一般在70%以上。

3. 粗纤维含量较低　幼嫩的青饲料含粗纤维较少，木质素低，无氮浸出物较高。若以干物质为基础，则其中粗纤维为15%～30%，无氮浸出物为40%～50%。粗纤维的含量随着植物生长期的延长而增加，木质素的含量也显著增加。植物开花或抽穗前，粗纤维含量较低。

4. 钙磷比例适宜　青饲料中含有较多的矿物质。钙的含量为0.4%～0.8%，磷的含量0.2%～0.35%，比例较为适宜。特别是豆科植物钙的含量较高。

5. 维生素含量丰富　青饲料是动物维生素的良好来源。特别是胡萝卜素含量较高，每千克饲料达50～80毫克，在正常采食情况下，放牧家畜所摄入的胡萝卜素要超过其本身需要的100倍。此外，青饲料中B族维生素、维生素E、维生素C和维生素K的含量也较丰富。但青饲料中缺乏维生素D，维生素B_6的含量也较低。

另外，青饲料幼嫩、柔软和多汁，适口性好，还含有多种酶、激素和有机酸，易于消化吸收。总之，从营养角度考虑，青饲料是一种营养相对平衡的饲料，但由于它们干物质中的消化能较低，从而限制了它们潜在的其他方面的营养优势。尽管如此，优质的青饲料仍可与一些中等的能量饲料相比拟。

（二）紫花苜蓿

紫花苜蓿俗称“苜蓿”，系世界上栽培最早的牧草，有“牧草之王”的美称。其适口性好，营养丰富，为各类家畜所喜食，属优等牧草。

紫花苜蓿含有丰富的蛋白质、矿物质和维生素等重要的营养成分，并含有未知的生长因子。其营养价值与收获时期关系很大，幼嫩时含水多，粗纤维少。收割过迟，茎的比重增加而叶的比重下降，饲用价值降低。在初花期刈割的紫花苜蓿干物质中粗蛋白为20%～22%，而且必需氨基酸组成较为合理，赖氨酸可高达1.34%，是玉米籽实的6～8倍，苏氨酸、甘氨酸、缬氨酸、亮氨酸和苯丙氨酸含量也较高，但蛋氨酸、酪氨酸和组氨酸含量较低。粗脂肪含量2.4%～3.5%。粗纤维含量17.2%～40.6%。产奶净能5.4～6.3兆焦/千克。苜蓿中含有动物需要的各种矿物元素，其中钙（3.0%）多磷少，铁和锰含量也较高。维生素含量丰富，高于一般牧草和玉米籽实，胡萝卜素含量尤其丰富，据测定含胡萝卜素18.8～161毫克/千克，其次为维生素 B_2，维生素C、维生素E、维生素K的含量也较多。

苜蓿的蛋白质、必需氨基酸及胡萝卜素含量是衡量其品质的重要指标。1000克优质苜蓿草粉相当于500克精料的营养价值。一般认为紫花苜蓿最适刈割期是在第1朵花出现至1/10开花，根茎上又长出大量新芽的阶段，此时，营养物质含量高，根部养分蓄积多，再生良好。蕾前或现蕾时刈割，蛋白质含量高，饲用价值大，但产量较低，且根部养分蓄积少，影响再生能力。刈割时期还要视饲喂要求来定，青饲宜早，调制干草可在初花期刈割。苜蓿为多年生牧草，管理良好时可利用5年以上，以第2～4年产草量最高。苜蓿的利用方式有多种，可青饲、调制干草粉或青贮。

（三）三叶草

三叶草常见的有白三叶和红三叶两种。它是豆科牧草中分布最广的一类，几乎遍及全世界，尤以温带、亚热带分布为多。

红三叶又叫红车轴草、红菽草、红荷兰翘摇等，是灌溉条件良好的地区重要的豆科牧草之一。主要分布在新疆、内蒙古、湖北、云南和贵州等地。喜温暖湿润气候，喜光、较耐潮湿，适宜生长温度为15～25℃。春秋均可播种，既可单播，也可与多年生黑麦草、猫尾草、鸭茅和牛尾草等混播。每年可刈割3～4次，产鲜草60～75吨/公顷。

白三叶也叫白车轴草、荷兰翘摇，是豆科三叶草属多年生草本植物。主要分布在东北、华南、华中、华北地区。喜温暖湿润气候，耐阴、耐贫瘠，适宜土壤pH为6～7，不耐盐碱，最适排水良好、富含钙质的黏质土壤。春秋均可播种，既可单播，也可与多年生黑麦草、鸭茅和牛尾草等混播。每年可刈割3～4次，产鲜草45～60吨/公顷。

红三叶草营养价值较高，干物质消化率达61%～70%，开花期新鲜的红三叶含干物质27.3%，粗蛋白4.1%，其赖氨酸含量为0.82%，蛋氨酸0.12%，精氨酸0.76%，亮氨酸1.46%，苯丙氨酸1.52%，苏氨酸0.82%。产奶净能为0.88兆焦/千克。干物质中可消化粗蛋白低于苜蓿，但净能值较苜蓿略高。矿物质中钙多磷少。富含各种维生素，尤其是胡萝卜素和B族维生素。

白三叶鲜草中粗蛋白含量5.1%，较红三叶高，而粗纤维含量2.8%，较红三叶低。可消化蛋白质含量优于红三叶草。其赖氨酸含量为1.16%，蛋氨酸0.20%，精氨酸1.00%，亮氨酸1.61%，苯丙氨酸1.23%，苏氨酸1.04%。矿物质中钙多磷少，铁含量631.76毫克/千克，铜13.72毫克/千克，锰57.84毫克/千克，锌45.89毫克/千克。维生素丰富，胡萝卜素、叶黄素、维生素B_2等B族维生素含量较高。

三叶草既可以放牧、青饲，也可以制成干草、青贮利用。必须避免三叶草霉败，霉败的三叶草含双香豆素，会造成维生素K缺乏症。

（四）黑麦草

黑麦草属禾本科牧草，有20多种，其中最有饲用价值的是多年生黑麦草和一年生黑麦草，我国南北方都有种植。黑麦草生长快，分蘖多，繁殖力强，一年可多次收割，产量高，品质较好，各种家畜均喜食。

黑麦草可在年降雨量500～1500毫米的地方良好生长，较能耐湿却不耐旱，产草量较高。在几种最重要的禾本科牧草中可消化物质含量最高。

黑麦草干物质的营养组成随其刈割时期及生长阶段而不同。随生长期的延长，黑麦草的粗蛋白、粗脂肪、灰分含量逐渐减少，粗纤维明显增加，尤其是不能消化的木质素增加显著，故刈割时期要适宜。新鲜黑麦草干物质含量约17%，粗蛋白2.0%，产奶净能为1.26兆焦/千克。

黑麦草的茎叶柔嫩光滑，适口性好，以开花前期的营养价值最高，可青饲、放牧。青饲在抽穗前或抽穗期刈割，每年可刈割3次，留茬为5～10厘米，草场保持鲜绿，放牧利用可在草层高25～30厘米时进行。黑麦草也可制成干草粉，再与精料配合使用。

（五）青绿饲料饲喂方法与用量

1. 将采集的青绿色饲料，切碎或打成浆后拌入饲料中，喂量可达到精料的25%～100%。

2. 将采集到的青绿饲料直接投放到山鸡活动场内，任其自由摄入。投放量为日粮的30%～40%。

3. 调制成干草粉后，用量占日粮的3%～5%。

六、饲料添加剂

1. 氨基酸添加剂：主要使日粮中必需氨基酸趋于平衡，即补足日粮中天然饲料的限制性氨基酸。常用的有赖氨酸、蛋氨酸和胱氨酸（表3－7）。

表3－7　雏鸡日粮中氨基酸含量　%

种类	开食料	中雏料	大雏料	种禽料
赖氨酸	1.4～1.75	0.8～1.3	0.7～0.98	0.72～0.9
蛋氨酸	0.5～0.8	0.5～0.6	0.27～0.4	0.31～0.4
蛋氨酸＋胱氨酸	1.0～1.1	0.5	0.4～0.6	0.54～0.68
色氨酸	0.42	0.32	0.13～0.26	0.13～0.27
苏氨酸	1.1	0.9	0.41～0.75	0.41～0.7

2. 维生素添加剂：青饲料不足或单一的情况下，易缺乏维生素，故有必要使用维生素添加剂。维生素添加剂剂型多、种类多，还有集多种维生素在一起的复合产品，甚至有将维生素与氨基酸和微量元素合在一起而形成的复方添加剂。

3. 微量元素添加剂：现今国内生产的微量元素添加剂主要含有铁、铜、锰、锌、碘、硒等元素，通常是用这些元素的硫酸盐、碘酸盐、氯化物或氧化物等作为添加剂。

4. 保健助长添加剂：常用的保健助长添加剂是一些抗生素和激素。

5. 饲料保藏剂：主要有两大类。一类是抗氧化剂，可使饲料中易氧化的成分（如脂肪、维生素等）免遭氧化；另一类是防霉剂，主要用于防止谷实、糠麸、饼粕等饲料的霉变。

使用以上饲料添加剂，需根据山鸡的营养需要和饲料资源情况科学地使用。某些营养成分的缺乏症表现出来时，可用相应的添加剂配合治疗，对症使用，切忌盲目滥用或乱用各种饲料添加剂。

第二节　活饵饲料的生产

一、黄粉虫

黄粉虫又叫面包虫，在昆虫分类学上隶属于鞘翅目，拟步行虫科，粉甲虫属（拟步行虫属）。原产北美洲，20 世纪 50 年代从苏联引进中国饲养，黄粉虫干品含脂肪 30%，含蛋白质高达 50%以上，此外还含有磷、钾、铁、钠、铝等常量元素和多种微量元素。因干燥的黄粉虫幼虫含蛋白质 40%左右、蛹含 57%、成虫含 60%，被誉为“蛋白质饲料宝库”。

黄粉虫具有抗病力强，耐粗饲，生长发育快，繁殖力强等特点。易饲养，用低廉的麦麸、蔬菜叶、瓜果皮就可饲养。

1. 生活史

黄粉虫和所有昆虫一样，一个世代要经过卵—幼虫—蛹—成虫（蛾）四态的变化，需要 4～5 个月。

(1) 卵，乳白色，椭圆形，米粒大小，卵的长径为 1～1.2 毫米，短径为 0.6～0.8 毫米。卵最适宜孵化条件为温度 19～26℃、相对湿度78%～85%。卵的孵化时间随温度高低而异，10～20℃时需20～25天，25～30℃时只需4～7天。

（2）幼虫：刚孵出的幼虫很小，长0.5～0.6毫米，乳白色。1～2天后开始进食，当长到2～3毫米时，幼虫逐渐变成淡黄色，这时便开始停食1～2天，进行第一次蜕皮。如果温度在25～30℃、饲料含水量在13%～18%，8天蜕去第一次皮，变为二龄幼虫，体长增至5毫米。蜕皮后的幼虫又变成乳白色，2天后颜色又变成淡黄色。以后大约在35天内又经过6次蜕皮，最后成为8龄老熟幼虫，这时幼虫呈黄色，体长增至25毫米，有的幼虫体长可达29～33毫米。幼虫生长最适的温度为25～29℃、相对湿度80%～85%。低于10℃极少活动，低于0℃或高于35℃则可能被冻死或热死。幼虫很耐旱，但在较干燥的情况下，幼虫有互相残食的习性。幼虫昼夜都能活动、摄食。在温度25～28℃、空气湿度50%～80%时，8龄幼虫约10天即变成蛹。

（3）蛹：末眠幼虫化为蛹，蛹光身睡在饲料堆里。刚形成的蛹为乳白色，以后逐渐变黄、变硬，长15～20毫米，头大尾小，两边有棱角，3天后颜色加深变成果褐色。雄蛹乳状突起较小，不显著，基部愈合，端部伸向后方；雌蛹乳状突起大而显著向外弯。蛹常浮在饲料的表面，即使把它放在饲料底下，不久也会爬上来。黄粉虫的蛹期较短，温度在10～20℃时，15～20天即可羽化成蛾；25～30℃时，6～8天就能羽化成蛾。蛹期要求的最适温度为26～30℃，最适相对湿度为78%～85%。

（4）成虫（蛾）：初羽化出的成虫为白色，逐渐转变为黄棕色、深棕色，2～3天后转变为黑色，有光泽。此时开始觅食。成虫体长14～19毫米。成虫尾节只有1节，雄性有交接器隐于其中，交配时伸出；雌性有产卵管隐于其中，产卵时突出，成虫羽化后4～5天开始交配、产卵，交配昼夜进行，但夜晚多于白昼。成虫一生中多次交配，多次产卵。每次产卵6～15枚，每只雌成虫一生可产卵30～350枚。最适宜成虫生活的温度为26～28℃，相对湿度为78%～85℃，成虫昼夜都能活动、摄食。

2. 生活习性

（1）温度：黄粉虫较耐寒，越冬老熟幼虫可耐受－2℃，低龄幼虫在0℃左右即大批死亡。0℃以上可以安全越冬，10℃以上可以活动摄食。生长发育的适宜温度为25～28℃，超过35℃会被热死。

（2）湿度：黄粉虫耐干旱，理想的饲料含水量为15%，空气湿度为50%～80%。在特别干燥的情况下，黄粉虫尤其是成虫有互相残食的习性。

（3）食物：黄粉虫属杂食性昆虫，吃食各种粮食、油料和粮粕加工的副产品，也吃食各种蔬菜叶。人工饲养时，应该投喂多种饲料制成的混合饲料，如麦麸、玉米面、豆饼、胡萝卜、蔬菜叶、瓜果皮等搭配使用，也可喂配合鸡饲料。

（4）光线：黄粉虫怕光喜暗。成虫喜欢潜伏在阴暗角落或树叶、杂草或其他杂物下面躲避阳光；幼虫则多潜伏在粮食、面粉、糠谷的表层下1～3厘米处生活。雌性成虫在光线较暗的地方比强光下产卵多。人工饲养黄粉虫应选择光线较暗的地方，或者饲养箱应有遮蔽物，防止阳光直接照射，影响黄粉虫的生活。

（5）喜群居：黄粉虫幼虫和成虫均喜欢聚集在一起生活。饲养时，如饲养密度过大，会提高群体内温度而造成高温热死幼虫，同时食物不足导致成虫和幼虫食卵和食蛹。

3. 养殖方式

黄粉虫的培育技术比较简单，根据生产需要可进行大面积的工厂化培育或小型家庭培育。

（1）规模培育：规模培育在室内进行，饲养室的门窗要装上纱窗，防止敌害进入。房内安排若干排木架（或铁架），每只木（铁）架分若干层，每层间隔50厘米，每层放置1个饲养槽，槽的大小与木架相适应。饲养槽可用铁皮或木板做成，一般规格为长2米、宽1米、高20厘米。若用木板做槽，其边框内壁要用蜡光纸贴裱，使其光滑，防止黄粉虫爬出。

（2）家庭培育：家庭培育黄粉虫，可用面盆、木箱、纸箱、瓦盆等容器放在阳台上或床底下养殖。容器表面太粗糙的，在内壁贴裱蜡光纸即可使用。较理想的成虫饲养设备是100厘米×50厘米×10厘米的四方木盒；幼虫饲养设备，可用80厘米×40厘米×10厘米的四方木盒。

4. 基础饵料配方

（1）麦麸75%，玉米粉15%，鱼粉4%，食粮4%，复合维生素0.8%，混合盐1.2%。用于产卵期成虫。

（2）纯麦粉（质量较差的麦子及麦芽磨成的粉，含麦麸）95%，食粮2%，蜂王浆0.2%，复合维生素0.4%，饲用混合盐2.4%。用于成虫。

（3）麦麸40%，玉米麸40%，豆饼18%，复合维生素0.5%，混合盐1.5%。用于成虫和幼虫。

（4）麸皮45%，面粉20%，玉米粉6%，鱼粉3%，黄豆粉26%，每100千克混合饵料中添加复合维生素添加剂3克、微量元素添加剂50克。用于成虫和幼虫。

（5）麸皮80%，玉米粉10%，花生饼9%，其他（包括多种维生素、矿物质粉、土霉素）1%。用于成虫和幼虫。

（6）麸皮60%，碎米糠20%，玉米粉10%，豆饼9%，其他（包括多种维生素、矿物质粉、土霉素）1%。用于成虫和幼虫。

(7) 麦麸 80%，玉米面 10%，花生饼粉 18%。用于成虫和幼虫。

5. 成虫的饲养

成虫饲养的任务是使成虫产下大量的虫卵。

(1) 羽化后的成虫，在虫体体色变成黑褐色之前，转到成虫产卵箱中饲养。若需转移的数量较少，可以用手捡拾；若需转移的数量较多，可以用鸡毛翎将蛹和成虫扫到一头，在扫开的地方撒上一些新鲜麦麸，再放上一些白菜叶，成虫便会自行转移到新鲜饲料上去，这时便可将成虫迁移到成虫产卵箱中去。成虫产卵箱为长 60 厘米、宽 40 厘米、高 15 厘米的木箱，底部钉上网孔为 2～3 毫米的铁丝网，网孔不能过大，也不能太小。箱内侧四边镶以白铁皮或玻璃，防止虫子逃跑。

(2) 放养成虫前，在成虫产卵箱中放一层厚约 4 厘米的基础混合饵料，在饵料表面铺一层筛孔直径为 3 毫米的筛网，筛网上再铺一层厚约 5 毫米的基础混合饵料。或先在箱底下垫一块木板，木板上铺一张纸，让卵产在纸上。箱内铺上一层 1 厘米厚的饲料，这样才能使成虫将卵产在纸上而不至于产在饲料中。在饲料上铺上一层鲜桑叶或其他豆科植物的叶片，使成虫分散隐蔽在叶子下面。为了防止过剩的干菜叶发霉，每隔 2～3 天就要将多余的菜叶清除干净。

(3) 投放雌雄成虫的比例为 1∶1。一般每平方米可放入成虫 4000～5000 只。

(4) 每天投料 1～2 次，将饲料撒到叶面上供其自由取食。在温度和湿度都适宜的情况下，羽化后的成虫经 5～6 天后便可以进行交配产卵，以后每隔 6～10 天再产一次卵。成虫产卵时多数钻到纸上或纸和网之间的底部，伸出产卵器，穿过铁丝网孔，将卵产在纸上或纸与网之间的饲料中，这样可防止成虫把卵吃掉。每隔 3～5 天用鸡毛翎扫开一些饲料，将饲料和成虫移开，将卵转移到幼虫培育槽中，让其自行孵化。然后在原成虫培育槽中重新铺上白纸，将原饲料和成虫放回，让它们继续产卵。

(5) 成虫连续产卵3个月后，雌虫会逐渐因衰老而死亡，未死亡的雌虫产卵量也显著下降，因而饲养3个月后就要淘汰全部成虫，以免浪费饲料和占用产卵箱。

6. 幼虫的饲养

幼虫的饲养是指从孵化出幼虫至幼虫化为蛹这段时间，均在孵化箱中饲养。孵化箱与产卵箱的规格相同，但箱底放置木板。一个孵化槽可孵化2～3个卵箱筛的卵纸，分层堆放，层间用几根木条隔开，以保持良好的通风。

(1) 孵化前先进行筛卵：筛卵时首先将箱中的饲料及其他碎屑筛下，然后将卵纸一起放进孵化箱中进行孵化。卵上盖一层菜叶或薄薄的一层麦麸，在适宜的温度和湿度范围内，6～10天就能自行孵出幼虫。刚孵出的幼虫和麦麸混在一起，用肉眼不易看得清楚。可用鸡毛翎拨动一下，如发现麦麸在动，说明有虫。

(2) 幼虫留在箱中饲养：3龄前不需要添加混合饲料，原来的饲料已够食用，但要经常放菜叶，让幼虫在菜叶底下栖息取食。幼虫在每次蜕皮前均处于休眠状态，不吃不动，蜕皮时身体进行左右旋转摆动，蜕皮一次需要8～15分钟。随着幼虫的长大，应逐渐增加饵料的投放，同时减小饲养密度。1～3周龄幼虫每平方厘米放养8～10只，4～6周龄则为5.5只，7～9周龄为4只，10～13周龄为3只，14周龄以上为1.7只。幼虫长到长20～25毫米或更大时，可收获作饲料。

(3) 清除粪便：幼虫的粪便为圆球状，和卵的大小差不多，无臭味，富含氮、磷、钾成分，是良好的有机肥，并含有一定量的蛋白质，可作饲料。幼虫培育箱中的粪便，应每隔 10～20 天清除一次。在清除粪便的前一天，不再添加饲料，待清除粪便后方可喂食。清除粪便的办法是：用筛子筛出幼虫粪便。筛子可用尼龙纱绢做成，对前期幼虫的粪便应用 11～23 目的纱绢做筛布，对中后期幼虫的粪便则用 4～6 目的纱绢做筛布。总之，以能让幼虫粪便筛出，而幼虫又钻不出筛孔为原则。在筛粪时，要注意轻轻地抖动筛子，以免把幼虫弄伤，并注意检查所筛出的粪便中是否有较小的幼虫。若有，可用稍小一些规格的筛子再筛一遍，或者把筛出的粪便都集中放到一个干冷的培育箱中喂养一段时间后再筛。

（4）留种：用来留种的幼虫，到 6 龄时因幼虫群体体积增大，应进行分群饲养，幼虫继续蜕皮长大。老龄幼虫在化蛹前四处扩散，寻找适宜场所化蛹，这时应将它们放在包有铁皮的箱中或脸盆中，防止逃走。化蛹初期和中期，每天要捡蛹 1～2 次。把蛹取出，放在羽化箱中，避免被其他幼虫咬伤。化蛹后期，全部幼虫都处于化蛹前的半休眠状态，这时就不要再捡蛹了，待全部化蛹后，筛出放进羽化箱中，蛹在饲料表面，经过 7 天后就羽化为成虫。

（5）饲养幼虫：除了提供足够的饲料外，主要是做好饲料保湿工作，湿度控制在含水量 15%，过于干燥时可喷水，但不宜太湿。可人工调节温度、湿度，使环境条件适宜于卵的孵化。在干燥、低温的秋冬季节，可用电炉、暖气等加温；用新鲜菜叶覆盖饲料槽，在饲养室内悬挂湿毛巾，以提高空气相对湿度。在高温的夏季，可定时向饲养室房顶浇水降温。

7. 黄粉虫的运输

如果需要引种，就面临一个运输问题。若是运输幼虫和蛹，可用塑料桶装一些麦麸提运即可；若是运输成虫，因成虫的爬行能力较强，而且个别的成虫还会飞，所以除在运输桶内装一些麦麸外，还要在桶口扎一个网罩方可提运。在整个运输过程中，要避免挤压和水浸入桶内。

8. 疾病防治

黄粉虫在正常的饲养管理条件下，很少生病。但随着饲养密度的增加，其患病率也逐渐增大。因此，必须及时检查，发现问题及时解决。

（1）软腐病

此病多发生于雨季，因为湿度大，粪便污染，饲料变质，养殖密度大，以及在幼虫清粪及分档过程中用力过度造成虫体受伤。表现为幼虫行动迟缓，食欲下降，粪便稀清最后排黑便，身体渐渐变软、变黑，病虫排出物会传染其他虫子，若不及时处理，会造成整盒虫子死亡。防治：发现软虫体要及时处理，停放青菜，清理残食，调节室内湿度。用0.25克氯霉素或金霉素与麦麸250克混匀投喂。

（2）干枯病

虫体患病后，尾、头部干枯发展到全身干枯而死亡。病因是空气太干燥，饲料过干。防治：在空气干燥季节，及时投喂青料，地面上洒水加湿，设水盆降温。

（3）螨病

螨类对黄粉虫危害很大，造成虫体瘦弱，生长迟缓，孵化率低，繁殖率下降。病因：饲料湿度过大，气温过高，食物带螨。一般7～9月多发生。防治方法：调节好室内空气湿度，夏季保持室内空气流通，防止食物带螨。饲料要密封贮存，米糠、麦麸最好消毒，待晾干后投喂。一般应用40％三氯杀螨醇1000倍喷洒墙角、饲养箱和饲料。

（4）其他

如壁虎、老鼠、鸟类、蚂蚁都会对黄粉虫造成危害，要注意防治。如彻底清扫培育室、门窗装上纱网、在培育室四周挖水沟防蚁或在培育槽的架脚处撒石灰粉等。

二、蝇蛆培育

养殖技术简单，周期短，见效快。遗弃的禽、畜养殖房等均可用于养殖蝇蛆。蝇蛆的营养价值、消化性和适口性接近优质鱼粉。鲜蝇蛆含粗蛋白 12.9%，粗脂肪 2.61%；干蝇蛆粉含粗蛋白 59.39%，粗脂肪 12.61%。鲜蛆是优质的动物性饲料。

1. 生活习性

蝇是完全变态的昆虫，其生活史包括卵、幼虫、蛹和成虫四个阶段。在 24～25℃范围内，其生活周期随温度的升高而缩短，从 25 天左右减少到 15 天左右。

（1）卵：卵小，白色，长椭圆形。在自然界中，成虫将卵产在湿度较大（70%左右）的猪粪、鸡粪、发酵饲料或堆肥表层下，卵粒大多互相堆叠。在湿度为 60%～70%时，温度越低，卵的孵化时间越长，也越不整齐。25℃时，孵化时间约为 12 小时。

（2）幼虫（俗称蛆）：灰白色，无足，后端钝圆，前端渐尖削。

在食物和氧气充足、温度和湿度适宜的条件下，生长极为迅速，从卵到幼虫成熟只需 4～5 天（不包括预蛹期）。

幼虫有畏光性，一般集群潜伏在饲料表层下 2～10 厘米摄食。成熟后，摄食停止，并开始离开潮湿的食场到光线暗而干燥的地方或较干的食渣内准备化蛹。幼虫是人们利用的主要对象。幼虫停食后，除去体内过多的水分和残物，体色变黄而透明，这段时期称预蛹期，一般要经历 2～3 天的时间。

（3）蛹：幼虫从预蛹期过渡到蛹，体色由黄色变棕红色，最后到深褐色，有光泽。长为 5～7 毫米。0.5 千克的蛹计有 2.3 万～3 万个。从外表上看，蛹不食不动，但此阶段正是虫体生理变化最激烈的阶段，要求湿度较小（50%～60%）、光线较暗而安静的环境。在正常情况下，经过4～7天，蛹壳头囊破裂，蛹便化为成虫。

（4）成虫（俗称苍蝇）：成虫羽化出来后，摄食5～8天，腹部逐渐膨大成乳黄色，并纷纷进行交尾，交尾后第二天便开始产卵。

2. 饲料

（1）蝇蛆饲料：麦麸、米糠、酒糟、豆渣等均可用于蝇蛆养殖，也可利用发酵过的人畜粪便、动物废物。蝇蛆嗜食畜粪、猪粪、鸡粪、鸭粪等畜禽粪便。常用的蝇蛆饵料配方：33.3%猪粪和66.7%鸡粪，或猪粪66.7%、鸡粪33.3%混合发酵腐熟。

（2）种蝇（成虫）饲料：可用畜禽粪便、打成浆糊状的动物内脏、蛆浆或红糖和奶粉调制的饵料。或用1份黄豆浸水磨浆放入20份水中搅匀，再加6份鲜禽畜血盛于平底皿中的海绵上，或20克红糖、10克奶粉混合溶于100毫升清水中。

3. 种蝇（成虫）饲养

饲养成虫分舍养和笼养两种，前者适宜大规模工厂化饲养，需要严防逃逸。后者既适合大规模工厂化饲养，也适宜小规模饲养。我国目前普遍采用笼养来饲养成虫。

（1）器具：饲养成虫的笼子根据饲养规模和条件的不同，可大可小。小笼的规格一般为笼长50厘米、笼宽40厘米、笼高30厘米，饲养7000～8000个成虫。大笼的规格可加一倍或加数倍。无论大笼小笼，均用2毫米网眼固定的窗纱缝制，即先将好的窗纱缝成一个密封的方袋状，并在一方的下边开一个宽15厘米、高5厘米左右的小口，在口外再缝上一个相应大小的纱布套，并在笼子的8个角上缝好带子。使用时，将笼子的8个角挂在相应的钉上或棍上，如同挂蚊帐一样，并将笼底托在一个平板上。饲养成虫的房屋应设置纱门、纱窗，严加防范，注意预防老鼠、蚂蚁、蟑螂、蟋蟀等敌害生物，特别是老鼠和蚂蚁的侵害。

(2) 温湿度：温度 24～30℃，相对湿度 50%～70%。

(3) 放养蝇蛹：笼子和其他准备工作做好之后，将蝇蛹用清水洗净，消毒，晾干，盛入羽化缸内，每个缸放置蛹 5000 粒左右，然后装入门笼，待其羽化。

(4) 投喂饵料和水：待蛹羽化（即幼蛹脱壳而出）5%左右时，开始投喂饵料和水。种蝇的饵料可用畜禽粪便、打成浆糊状的动物内脏、蛆浆或红糖和奶粉调制的饵料。目前，常用奶粉加等量红糖作为成虫的饲料。如果用红糖奶粉饵料，每天每只蝇用量按 1 毫克计算。以每笼饲养 6000 个成虫计算，成虫吃掉 20 克奶粉和 20 克红糖后，可以收获蝇蛆 30 千克。在饲养过程中，可用一块长、宽各 10 厘米左右的泡沫塑料浸水后放在笼的顶部，以供应饮水，注意不要放在奶粉的上面。奶粉加红糖和产卵信息物（猪粪等）分别用报纸托放在笼底平板上，紧贴笼底。成虫便可隔着笼底网纱而吸水、摄食和产卵。

(5) 安放产卵缸及产卵信息物：当成虫摄食 4～6 天以后，其腹部变得饱满，继而变成乳黄色，并纷纷进行交尾，这预示着成虫即将产卵。在发现成虫交尾的第二天，将产卵缸放入蝇笼，并把产卵信息物放入产卵缸（或将猪粪疏松放在报纸上，其下垫上薄塑料和硬纸板，放在笼底平板上，以便于成虫产卵）。目前应用猪粪作引产信息物，其引产的效果较好，但是容易污染笼壁，因而应当经常擦抹。也可用猪粪浸出物浸湿滤纸作为引产信息物，它虽不会污染笼壁，但容易干燥而影响引产效果。目前，引产信息物也可用人工调制：麦麸用0.01%～0.03%碳酸铵水调制，再放些红糖和奶粉，含水量控制在65%～75%，混合均匀后盛在产卵缸内，装料高度为产卵缸的2/3，然后放入蝇笼，集雌蝇入缸产卵。

(6) 收卵：每天收卵1～2次，每次收卵后将产卵缸中的卵和引产信息物一并倒入培养基内孵化，并重新换上新的引产信息物。如此反复进行，直到成虫停止产卵为止。

(7) 淘汰种蝇：成虫在产卵结束后，大都自然死亡。死亡的成虫尸体太多时，应适当清除。清除尸体的工作应当在傍晚成虫的活动完全停止以后进行。当全部成虫产卵结束后，部分成虫还需饥饿2天，才可自然死亡。也可将整个笼子取下放入水中将成虫闷死。淘汰种蝇后的笼罩和笼架应用稀碱水溶液浸泡消毒，然后用清水洗净晾干备用。

4. 蝇蛆饲养

培育蝇蛆可用土池或砖砌水泥抹面的水泥池。

(1) 饵料：将麦麸加水拌匀，湿度维持在70%～80%，盛入培养盘（培养盘长、宽、高为70厘米×40厘米×10厘米）。一般每只盘可容纳麦麸3.5千克或发酵腐熟的猪粪、鸡粪。饵料的厚度一般以3～5厘米为宜，夏天不超过3厘米。

(2) 将卵粒埋入培养基内，在25℃左右让其自行孵化。一般按10千克饵料接种6克蝇卵（约4000粒）。随着蛆的生长和饵料的发酵，要适时翻动培养基。随着盘内温度逐步上升，最高可达40℃以上，这会引起蝇蛆死亡，因此要注意降温。

(3) 适时收获：在25℃左右，蝇卵在接种后8～12小时孵出蝇蛆，经过4～5天蛆变成黄色时即应收集利用。方法是利用蝇蛆怕光的习性，将料盆置于强光下（露天池育就在晴朗的白天进行），蛆便往下钻，把表层粪料取走，重复多次，最后剩下少量粪料和大量蝇蛆，再用16目孔径的筛子振荡分离。分离出的蝇蛆洗净后可以直接用来饲喂畜禽，也可在80℃条件下烘烤，干燥后加工成粉，贮存备用。

（4）蝇的留种：收集蝇蛆时，先用网孔较大的筛子分离出少量体大的蝇蛆，留作种用。将种用的蝇蛆接种在盛有充分发酵、腐熟的畜禽粪料盆中，继续培养，蝇蛆在培养基内发育老熟后，便爬到表层化蛹，这时盆内培养基不宜翻动，待蝇蛆基本化蛹完毕，就可淘蛹晾干，培养种蝇。

第三节 山鸡的营养需要与日粮

一、营养物质的作用及需要

1. 蛋白质 是维持机体生理功能活动和生产活动的物质基础，是所有生物细胞的基本组成部分，是碳水化合物或脂肪所不能代替的。山鸡不仅靠蛋白质维持体内新陈代谢的正常活动，而且需要以蛋白质为主要成分构成肌肉、神经、血液、皮肤、内脏等器官组织以及蛋、羽毛等。

日粮中蛋白质含量过低，将严重影响山鸡的生长发育，使雉体消瘦，羽毛蓬乱，抗病能力下降；雄雉性功能减弱，精液品质下降；雌雉产蛋量下降，蛋重减轻；种蛋受精率低，孵化率低，饲料利用率也降低。但日粮中蛋白质含量过高，不仅不经济，还可能导致软骨病、痛风病等的发生。

山鸡的日粮中粗蛋白的含量一般要求在15%～30%。不同的生长阶段有不同的需求量，一般以初生雏雉和产蛋雉需求量较高。

2. 碳水化合物　是能量的主要来源，多余时可转化为体内脂肪，也可以合成某些非必需氨基酸。它分为可以消化的无氮浸出物（包括单糖、双糖、多糖等）和粗纤维两个部分。粗纤维含量高则饲料营养价值低，会使山鸡生长缓慢；含量过少，则肠蠕动会减慢。一般日粮中要求含量为3%～5%。

3. 脂肪　是高能量物质，是体细胞的一个重要组成部分，而且是脂溶性维生素的溶剂。脂肪缺乏会影响该类维生素的吸收利用，易发生维生素A、维生素D、维生素E、维生素K的缺乏症。脂肪过多可能会出现消化不良等病症。一般脂肪在日粮中占1%～5%，但产蛋期日粮中的脂肪不应低于3%。

4. 矿物质　参与机体内各种生命活动，是维持山鸡健康生长和繁殖所不可缺少的营养物质。山鸡所需常量元素有钙、磷、钠、氯、镁、硫和钾等，所需微量元素有铁、铝、硼、铜、铬、铅、锌、硒、钡、钴和镍等。

（1）钙与磷：它是形成骨骼的主要原料，是维持机体正常代谢所不可缺少的物质。缺乏钙、磷就会出现软骨病、食欲不振、啄蛋等病状，雌山鸡不仅产软壳蛋和粗壳蛋，而且产蛋率明显下降。一般日粮中的钙、磷（指有效磷）含量分别为0.7%～1%、0.45%～0.62%，产蛋期钙的含量应为2.5%左右。一般日粮中钙、磷含量比例为（1∶1）～（2∶1），产蛋期比例应为（4∶1）～（5∶1）。

（2）钠与氯：通常以食盐的方式供给，有助于消化，并维持机体内的水分代谢和渗透压，对防治啄羽、啄肛有积极作用。但过多时会引起中毒。一般日粮中盐含量为0.2%～0.5%。

（3）其他矿物质：山鸡源于野生雉鸡，经驯化后家养，其摄食范围和种类大大缩小。在饲养过程中，许多矿物质尤其是微量元素缺乏，往往易发生缺乏症，如缺铁引起贫血，所以应适当使用矿物质添加剂，但又要注意防止因偏喂某种元素含量高的食物而引起中毒。

5. 维生素　维生素既非能量来源，也不是构成机体组织的成分，但它是维持机体正常生理功能所必需的一些具有高度生物学特性的有机化合物。它分为水溶性和脂溶性两大类。前者包括B族维生素和维生素C，后者包括维生素A、维生素D、维生素E、维生素K。缺乏这些维生素就会使体内物质代谢紊乱，影响山鸡的生长发育，导致产蛋量、受精率和孵化率均降低。山鸡易缺乏的维生素有维生素A、维生素D、维生素E、维生素 B_1 和维生素 B_2 等。

6. 水分　在山鸡的肉中水分占65.1%，肝中水分占66.2%，蛋中水分占70.8%，可见，水分对山鸡的生长、产蛋很重要。水还在机体物质代谢、营养物质吸收、体温调节方面起着重要作用。山鸡缺水后，机体代谢会遭到破坏，使饲料消化吸收发生障碍，生长受阻，产蛋下降，蛋重减轻，严重缺水时会造成死亡。

山鸡每天除了靠饲料中的水分补充体内的需要外，还要饮一定的水，其饮水量随着季节和产蛋水平而变化；气温升高饮水量增加，产蛋量升高饮水量也增加。一般情况下，一只成雉一天的饮水量为180毫升左右。供水应以饮水器中清洁水不间断为原则，任其自由饮用。

二、营养标准

为了科学地饲养山鸡，提高山鸡的生产能力，以最经济饲料成本换取最大的体增重和产蛋量，应根据不同阶段的营养需要，使用相应营养水平的饲料。现将山鸡各个生长阶段的营养标准列于表3-8。

表 3-8　山鸡各个生长阶段的营养标准

营养物质	肉用雉			种用雉		
	0～4周	5～10周	11～15周	11～18周	非产蛋期	产蛋期
代谢能（兆焦/千克）	12.1	11.7	12.1	11.5	11.3	12.1
粗蛋白（%）	26～28	20～25	18～20	16～18	15～17	20～24
赖氨酸（%）	1.5	1.0	1.0	0.8	0.7	0.9
蛋氨酸+胱氨酸（%）	1.1	0.95	0.75	0.7	0.6	0.6
亚油酸（%）	1.0	1.0	1.0	1.0	1.0	1.0
钙（%）	1.2	1.1	1.1	0.9	1.0	3.0
有效磷（%）	0.65	0.6	0.55	0.45	0.4	0.45
钠（食盐,%）	0.35	0.35	0.35	0.35	0.35	0.35
碘（毫克/千克）	0.3	0.3	0.3	0.3	0.3	0.3
维生素A（国际单位/千克）	15000	8000	8000	8000	8000	20000
维生素D（国际单位/千克）	2200	2200	2200	2200	2200	4400
维生素B_2（毫克/千克）	3.5	3.0	3.0	3.0	4.0	4.0
泛酸（毫克/千克）	11	10	10	10	10	16
烟酸（毫克/千克）	60	40	40	40	40	60
胆碱（毫克/千克）	1500	1000	1000	1000	1000	1000

三、常用的日粮配方

合理地配制日粮是科学饲养山鸡的关键。理想的配合饲料在数量上能满足其食欲，在营养上能满足其生长发育和产蛋的需要，且适口性要好，成本要尽量低。山鸡的日粮配方可根据山鸡的营养标准采用家鸡日粮配方计算法则计算出来。各种饲料的营养成分和家鸡日粮配方计算法则均可查阅国内有关资料。为方便广大山鸡养殖者，现搜集几例配方介绍如下，各地可根据当地的饲料资源合理采用，也可在实践中进一步调整、改进。

1. 肉用雉配方一（%）

（1）1～20日龄：熟鸡蛋60，玉米粉13.5，炒黄豆粉16，糠麸3，骨粉1，食盐0.5，酵母粉2，禽用生长素3.5，禽用多种维生素（简称多维素）0.5；每千克料另加切碎的青菜叶350克。

（2）21～60日龄：熟鱼50，玉米粉20，熟黄豆粉14，糠麸8.5，骨粉2，食盐0.5，酵母粉2，禽用生长素2.5，多维素0.5。

（3）61～120日龄：熟猪肉5，熟鱼15，玉米粉37，豆饼粉14，鱼粉4，酵母粉2，骨粉3，青绿菜叶18，食盐0.5，禽用生长素1，多维素0.5。

2. 肉用雉配方二（%）

（1）1～35日龄：雏雉料（鸡花料）88，秘鲁鱼粉10，酵母粉2；另每100千克饲料加多维素20克。

（2）36～85日龄：肉用鸡料98，酵母粉2。

（3）86～120日龄：玉米52，小麦10，麸皮7，豆粕10，花生麸6，秘鲁鱼粉5，酵母粉1.5，草粉2，统糠1.7，穿心莲粉1，骨粉1.5，蚌壳粉1，微量元素1，食盐0.33；另每100千克饲料加多维素20克。

此外，从7日龄开始，每天添喂青菜，喂量可占饲料总量的30%左右。

3. 肉用雉配方三（%）

1～45日龄：玉米42，豆饼42，鱼粉10，麸皮3，骨粉1.5，石粉1.3，食盐0.2；另每100千克饲料加多维素10克。

4. 其他用雉配方一（%）

（1）1～30 日龄：雏雉料（鸡花料）87，大豆饼 5，秘鲁鱼粉 8；另每 100 千克饲料加多维素 20 克。

（2）31～80 日龄：肉用鸡料 98，秘鲁鱼粉 2。

（3）81 日龄至产蛋前：玉米 57，大豆饼 20，菜籽饼 10，蚕豆 6，小麦麸 2，槐叶粉 2，贝壳粉 1，磷酸氢钙 1.45，食盐 0.35，DL-蛋氨酸 0.20；另每 100 千克饲料加多维素 20 克，微量元素 100 克。

（4）产蛋期：蛋鸡全价料 93，花生饼 2，秘鲁鱼粉 5；另每 100 千克饲料加入种鸡复合维生素 10 克。

（5）休产期：同 81 日龄至产蛋前的配方。

此外，上述各阶段均需搭配占饲料总量 25%的青菜叶、苹果皮等。

5. 其他用雉配方二（%）

（1）1～20 日龄：玉米 30，全麦粉 10，麦麸 2.6，高粱 3，豆饼 25，大豆粉 10，秘鲁鱼粉 12，酵母 5，骨粉 1，贝壳粉 1，食盐 0.4；另每 100 千克饲料加多维素 20 克，微量元素 100 克。

（2）21～30 日龄：玉米 38，全麦粉 10，麸皮 4.6，高粱 3，豆饼 21，大豆粉 8，秘鲁鱼粉 10，酵母 3，骨粉 1，贝壳粉 1，食盐 0.4；另每 100 千克饲料加多维素 20 克，微量元素 100 克。

（3）31～60 日龄：玉米 60，麦麸 8.5，豆饼 18，秘鲁鱼粉 8，酵母 3，贝壳粉 2，食盐 0.5；另每 100 千克饲料加多维素 20 克，微量元素 100 克。

（4）61 日龄至产蛋前：玉米 62.5，麦麸 15，豆饼 15，鱼粉 5，贝壳粉 2，食盐 0.5；另每 100 千克饲料加多维素 20 克，微量元素 200 克。

（5）产蛋期：玉米40，全麦粉10，麦麸3.5，豆饼15，大豆粉10，秘鲁鱼粉12，酵母5，骨粉2，贝壳粉2，食盐0.5；另每100千克饲料加多维素20克，微量元素200克。

（6）休产期：同61日龄至产蛋前配方。

此外，上述各阶段均需搭配占饲料总量20%的青绿饲料。

6. 其他用雉配方三（%）

（1）1～30日龄：熟鸡蛋40，玉米粉30，小麦粉8，豆饼10，鱼粉8.5，食盐0.5，矿物质添加剂3；另每100千克饲料加维生素添加剂10克。

（2）31～60日龄：熟鱼50，玉米25.5，豆饼10，小麦10，矿物质添加剂4，食盐0.5；另每100千克饲料加维生素添加剂10克。

（3）61～90日龄：熟鱼20，玉米36.5，豆饼15，小麦15，鱼粉5，矿物质添加剂8，食盐0.5；另每100千克饲料加维生素添加剂1克。

（4）91～120日龄：玉米46.5，豆饼15，小麦20，鱼粉10，矿物质添加剂8，食盐0.5；另每100千克饲料加维生素添加剂1克。

（5）非繁殖期：玉米粉61，麸皮14，豆饼粉12，鱼粉8，贝壳粉3，骨粉1.5，食盐0.5。

（6）繁殖期：玉米粉40，小麦粉20，高粱粉6.5，豆饼粉15，鱼粉10，矿物质添加剂8，盐0.5；另每100千克饲料加维生素添加剂10克。

另外，从10日龄起，饲料中要添加20%～30%青菜。

7. 其他用雉配方四（%）

（1）1～30日龄：玉米30，全麦粉10，豆饼35，麦麸3，鱼粉15，酵母3，骨粉1，贝壳粉1，羽毛粉1.5，食盐0.5。

（2）31～70日龄：玉米粉40，全麦粉10，豆饼27，麦麸5，鱼粉 12，酵母 2，骨粉 1，贝壳粉 1，羽毛粉 1.5，食盐 0.5。

(3) 71 日龄至出售：玉米 50，全麦粉 7，豆饼 18，麦麸 8，鱼粉 10，酵母 2，骨粉 1，贝壳粉 2，羽毛粉 1.5，食盐 0.5。

以上各阶段配方中可适量添加多维素和生长素，且适当搭配青绿饲料。

四、饲料的形状及其应用

饲料按形状可分为粒料、粉料、颗粒料和碎料等四大类。现简述如下：

1. 粒料　主要指草籽、绿豆、高粱、稻谷、碎玉米、碎蚕豆、碎豌豆及发芽麦类等。这些粒料多是山鸡的主食，加上容易采食，故山鸡喜食。粒料消化时间长，适于傍晚尤其是冬季傍晚饲喂。但粒料营养不完全，山鸡可挑食，长期食用易发生某些营养物质的缺乏症。所以粒料以日粮种类多为好，且搭配比例要依照营养标准而定。粒料多与粉料配合使用，或在限制饲养时使用。

2. 粉料　将日粮中的全部饲料加工成粉状，然后加上维生素添加剂、微量元素添加剂等均匀混拌即成。粉料适口性差，山鸡多不喜食，也不易采食，尤其是粉粒太细或在高温干燥的气候条件下，常导致山鸡食欲明显下降。但粉料适合各个年龄的山鸡，且不易腐败变质，山鸡不能挑料，故可吃到完全的配合饲料。

3. 颗粒料　把粉料以蒸汽处理后，通过机械压制，再经过冷却、干燥，便制成颗粒料。颗粒料的直径以 2.5～3.5 毫米为宜，主要供中成雉食用。颗粒料兼有粉料与粒料的优点，适口性好，营养全面，能较好地避免挑食、灰尘污染和浪费。饲料因受蒸汽的作用而软化，使淀粉和蛋白质转化利用率提高，用于肉用雉，效果更好。而种用雉在限制饲喂阶段，常因采食时间短而易发生啄癖，如采食过多又会发生肥胖而影响产蛋能力。

4. 碎料　将日粮加工成颗粒后再打成碎料，这就集中了上述各种形状饲料的优点，适用于各种日龄的山鸡，但加工成本高。此外，尽管在同群情况下，碎料比颗粒料的采食时间长，因此仍要注意啄癖和种用雏生长过肥的现象发生。

五、饲喂方法

1. 湿喂法　用水或汤把粉料拌湿饲喂，也可把青料切碎混在一起。湿喂不能和得太稀，干湿度以手指合拢挑得起、指缝间又有渗水为宜。湿料适口性好，山鸡易采食。湿喂可充分利用残菜、剩汤及一些动物的下脚料，适宜于农家小规模饲养。其缺点是费工、费时，又不卫生，且易变质，易造成浪费。

2. 干喂法　饲料不经调制直接按时饲喂。它既省工、省时，又不易变质、浪费，适宜于各种规模的饲养。粒料、颗粒料、碎料均以干喂法饲喂。粉料干喂适口性差，一般不宜采用。

3. 干湿结合法　即早、晚喂干料，中午喂湿料，或上午喂湿料，下午喂干料，或在高温季节为增强食欲，每天增加一次湿料。此法适用于农家小规模饲养。

由上可知，饲喂方法应根据饲料形状、饲养规模、气温高低等情况而定。在生产实践中，还应注意山鸡已养成的采食习惯，不能突然改变饲料种类和饲喂方法；要改变只能逐渐改变，否则，可能引起应激反应，而招致损失。

六、食量与饲喂次数

各地饲养经验表明，一只山鸡，从出壳长到标准体重需采食4.0～6.0千克饲料，雌鸡从出壳到第1个产蛋期结束（约390天）

约需 29.2 千克饲料。雄鸡每天的采食量除因生长阶段不同而异外，还与日粮的营养水平、季节、饲养方法、饲养用途和健康状态等因素有关，所以，不可能有固定的标准。为方便山鸡饲养者有计划地备料、喂料，现根据有关的饲养记录和经验，按山鸡各个生长阶段的日采食量与饲喂次数的数据列于表 3－9，各地可参考使用。

表 3－9　山鸡不同生长阶段日平均采食量与饲喂次数

日龄	日采食量（克）	饲喂次数（次）	时期
1～7	6.5	8	
8～15	11.5	7	
16～30	22	6	
31～60	46	5～6	
61～90	68	4	
91～120	76	3～4	
121～210	72	3	
211～390	92	3～4	产蛋期
391～540	72	3	休产期

七、配合饲料注意事项

配合饲料时要考虑到配合日粮的科学性和经济性，有时在生产上较科学的日粮不一定是最经济的，所以生产中配合日粮时必须考虑其经济性，配合日粮时注意以下事项：

1. 参照山鸡的饲养标准来进行配制

结合本场的生产水平、健康状况、气候变化以及实际饲喂效果，灵活运用，不能照搬，对饲养标准应作适当调整。

2. 饲粮应符合山鸡的消化生理特点

山鸡对粗纤维的利用率较低，在配合日粮时应考虑日粮中粗纤维的含量不能过高。

3. 充分利用当地饲料资源

饲料占生产成本的比例较大，在配合日粮时应尽量利用本地饲料资源，以降低饲料费用，选用饲料时，要注意饲料的营养特性，因同一种饲料原料产地不同，营养价值上往往有差异，另外还要考虑到饲料价格。

4. 饲料要多样化

各类饲料含有的营养物质不同，配合饲料时如果饲料品种单一，很难保证营养的全面，所以尽可能多选择几种饲料配合，在营养上相互补偿，有利于提高日粮消化率和营养物质的利用率。

5. 配制饲粮时要注意适口性

日粮中高粱、菜籽饼等含量过高时会影响山鸡的适口性，禁止使用霉变和被污染的饲料，对含有毒害物质饲料如棉籽饼、菜籽饼要脱毒和限量饲喂。

6. 配合饲粮应保持相对稳定

如需要改变饲料种类或饲粮配方，应逐步进行或在饲喂时有几天过渡的时间，以免因饲粮种类或配方的突然变化而影响山鸡消化功能及正常的生产。

最后，选择饲料力求合理，切不可犯以下错误。

1. 过分重视营养：认为营养物质含量（主要是蛋白质）越高越好，特别是行情好的时期。这样做不仅造成饲料浪费，还会诱发山鸡发病。

2. 忽视质量：过分重视饲料价格而忽视质量，以致饲料不能满足山鸡生长发育的营养需要，造成饲养期延长，料肉比提高。

3. 饲料不稳定：选择饲料时过于盲目，人云亦云。当一个厂家的饲料使用一段时间后感觉不理想就换另一个厂家的饲料，如还不理想再换。这样频繁地更换饲料对山鸡的胃肠应激较大。

4. 误用伪劣产品：采购到假冒伪劣的饲料，不能满足鸡体的营养需要甚至引起中毒。

第四章 山鸡的繁育技术

第一节 山鸡的生殖生理

一、山鸡的生殖生理特点

1. 雄性山鸡的生殖生理特点

公鸡的生殖器官由睾丸、附睾、输精管交尾器等组成（图 4－1）。

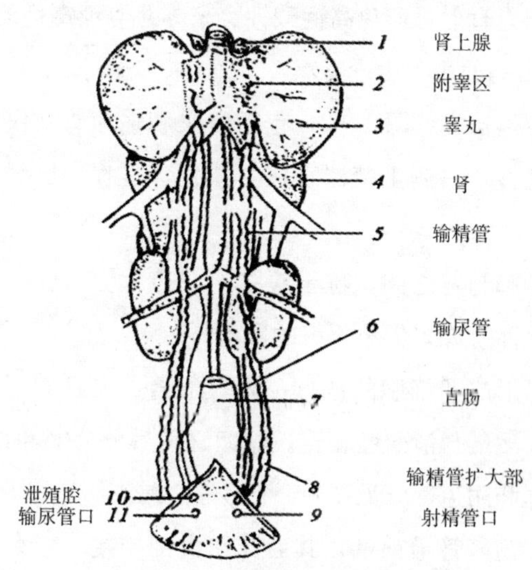

图 4－1 公鸡的生殖器官

公鸡的睾丸如蚕豆大小，位于脊柱两侧，两肾的下方。睾丸由精细管和间质细胞组成，主要功能是产生精子和分泌雄性激素。附睾是精子成熟的地方，连接睾丸和输精管，呈长条状，与睾丸一起由一层白色薄膜包裹。在两边睾丸背侧，各有一条白色的弯曲小管，叫输精管。输精管前面细，后面粗，呈囊状，末端开口于泄殖腔。输精管是精子贮存和成熟的地方。公鸡的交尾器由八字状囊和生殖突起组成。在孵化时进行公母鸡鉴别，雏鸡肛门下方有生殖器官突起的为公鸡，没有的为母鸡。

鸡的精液为乳白色的黏稠、略带腥味的不透明液体。精子密度高则黏度大，呈弱碱性，pH 值为 7.1～7.6。精子在 37～38℃时活性最高，温度急剧下降精子会发生冷休克，因此在采精时要注意采精杯温度，对精液进行稀释时要对器具和稀释液进行预热。温度高于 50℃时精子将失活。在低温下，精子代谢减慢，活力减弱，一旦升温，精子又可恢复活力，可利用精子这一特性来保存精液。新鲜精液应避免阳光直射，避免高锰酸钾、来苏儿等消毒剂的污染。

2. 雌性山鸡的生殖生理特点

母鸡的生殖器官（图 4－2）包括卵巢和输卵管，仅左侧卵巢和输卵管发育完善，右侧生殖器官在个体发育过程中已经退化，只留残迹。

卵巢位于肺与肾之间，位于腹腔的左边背侧。性成熟后卵巢呈葡萄串状，上面有许多大小不一的卵泡。

输卵管是形成卵细胞的地方，为一条富含血管的弯曲长管，前端连接卵巢，后端与泄殖腔相连。输卵管前后分为漏斗部、膨大部、峡部、子宫部和阴道部（见图）5 个部分。漏斗部是卵子和精子结合的部位，位于输卵管最前端，其后与膨大部相接。膨大部是输卵管最长的一段，其管壁有许多腺体，主要功能是分泌蛋白质，形成系带、浓蛋白和稀蛋白层，其后是峡部。峡部是输卵管较窄短的一段，管腺细胞少，分泌少量蛋白，形成内外纤维性蛋壳膜。子宫部呈囊

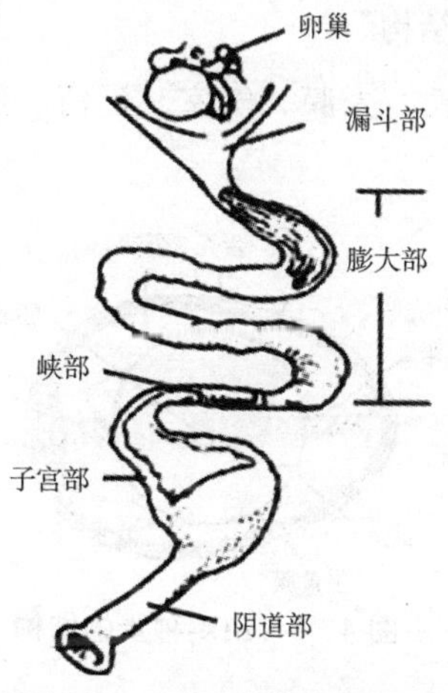

图 4－2　母鸡的生殖器官

状，较膨大，管壁厚，肌肉发达。子宫部是蛋停留时间最长的地方，功能是形成蛋壳、壳外膜和蛋色素。阴道部是输卵管的末段，连接子宫部和泄殖腔，是蛋产出的通道和交配的地方。

3. 山鸡的产蛋特性及种蛋的结构

1）山鸡的产蛋特性

野生山鸡通常在草丛隐蔽处筑巢，在窝内产蛋、孵化。人工养殖的山鸡，一般在人工设置的产蛋箱产蛋。在产蛋期，若被雄山鸡发现，容易造成啄蛋毁巢。因此人工饲养时，要在较隐蔽的地方设置产蛋箱，供母山鸡产蛋，减少雄山鸡毁蛋。自然条件下，每年 2～7 月份是山鸡的繁殖期，山鸡每年产蛋 2 窝，少数山鸡可产 3 窝，一般每窝在 7～14 枚。在人工饲养环境下，由于营养、光照的加强，山鸡的产蛋期可延长到每年 9 月份，产蛋量也有所提高。头年 6 月份孵化的山鸡到第二年的 4 月底开始产蛋，5～7 月份是产蛋旺季，产蛋量占全年的 70％～80％，9 月份基本上停止产蛋。在一个产蛋周期内，初产山鸡一般隔天产蛋，稳产山鸡一般产两天休一天。

2）山鸡种蛋的结构

山鸡种蛋由蛋壳、壳膜、气室、蛋清、蛋黄以及胚胎等组成（图 4－3）。

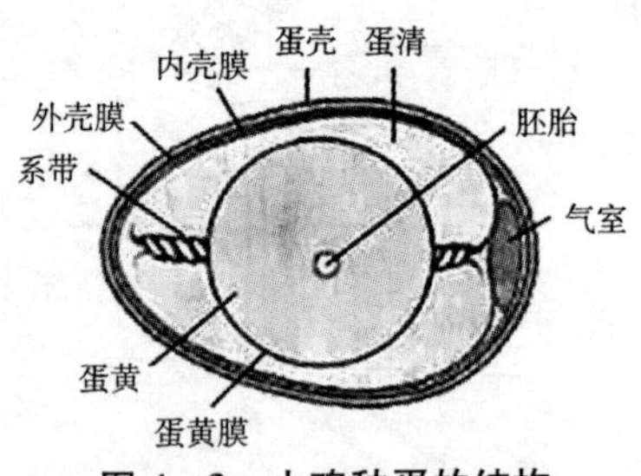

图 4－3　山鸡种蛋的结构

蛋壳：位于种蛋最外层的硬壳，外表光滑，质地均一，在蛋壳的外面还有一层透明的薄膜，可减少水分蒸发，阻挡有害细菌对胚胎的侵袭。蛋壳外层有许多气孔，供胚胎与外部环境进行气体交换。日粮中钙、磷缺乏，维生素 D_3 含量不足，某些疾病因素都会导致山鸡所产种蛋蛋壳变薄或变软，蛋壳畸形。蛋壳保护着胚胎，蛋壳质量影响种蛋的孵化，因此蛋壳太薄、过厚，都不宜作种蛋。

壳膜：是紧贴蛋壳的薄膜，有内外两层，两层膜均由有机纤维质组成。外壳膜是由结构疏松的粗纤维组成，微生物可以通过；内壳膜比较细密，可阻挡病原微生物的入侵。

气室：由于山鸡体温高于外界温度，蛋产出后，受到外部低温影响，蛋的内外壳膜分离，在两层壳膜之间形成气室。刚产出的种蛋气室很小，存放时间越长，气室越大。可根据气室的大小，判别蛋的新鲜度。

蛋清：蛋清是由内浓蛋白、内稀蛋白、浓蛋白和外稀蛋白 4 层组成的黏稠半透明的胶冻物。种蛋长时间储藏，蛋清变稀。

蛋黄：质量好的种蛋，蛋黄颜色均匀一致，无血斑或杂色，蛋黄外面有一层透明膜包裹。蛋黄由两端系带固定在蛋的中心。种蛋长时间存放，容易导致系带弹性下降、与蛋黄脱离，蛋黄的移动性增大，这样的蛋不能作种蛋。

胚胎：胚胎浮在蛋黄顶端。将蛋敲开，若蛋未受精，在蛋黄上的白色小圆斑，则呈云雾状，叫作胚珠。若是受精蛋，胚胎中间透明状，周围有一圈不透明的环。在适当的温度和湿度等条件下就可以孵化成雏山鸡。

二、适配月龄及公母配比

野生山鸡，一般以 1 只公鸡配 2～4 只母鸡组成相对稳定的“婚配群”。在人工自然饲养条件下，头年 6 月份孵出的山鸡在次年 4 月份即可交配、产蛋。山鸡繁殖期的公母配比，影响种蛋的受精率。因此人工养殖时要适时放对配种，一般合群时公母配比为 1∶4 或 1∶5。可在山鸡繁殖高峰期 5 月之前合群，以便及时交配，提高种蛋受配率。

第二节　引　种

一、种山鸡的引进

1. 种公鸡的选择

种公鸡（图 4－4）对后代雏山鸡的生长速度、性成熟后产蛋的数量都有重要影响。俗话说得好，“母鸡好，好一窝；公鸡好，好坡”。因为 1 只公山鸡可配 5～6 只母山鸡，可见种公鸡选择的重要性。可选择性成熟期的，鸡冠、肉髯鲜红，发育良好，啼声洪亮，体质健壮，活动敏捷，交配意识强烈的公山鸡作种用。年龄过大的山鸡精子质量降低，不应作种用。

图 4－4　种公鸡

2. 种母鸡的选择

种母鸡（图 4－5）的质量影响产蛋率和种蛋的孵化率。应选择产蛋率高、蛋品质好的母山鸡作种用。种母鸡的最佳繁殖年龄以 2～4 龄最好，随着年龄的增加母山鸡生殖能力有所下降。超过 5 年的母山鸡不宜作种鸡。

图 4－5　种母鸡

二、种蛋的引进

1. 种蛋的收集和选择

种蛋的收集：在收集种蛋时，可先收集地面的种蛋，再收集窝巢里面的蛋，收集种蛋应采用孵化器的蛋盘。收集人员收集前应清洗和消毒双手，每天可固定2个适宜收集的时间段，既不惊扰到山鸡，又可减少种蛋受到污染，同时对种蛋等进行分拣，合格蛋放在一起，有粪便等污染的放在一起，软蛋、畸形蛋放在一起，并做好记录。

种蛋的选择：应选择新鲜、表面清洁卫生、大小均匀、蛋壳厚薄适当、颜色形状正常的山鸡蛋作为种蛋，蛋过大过小、劣质蛋、畸形蛋都不宜作种蛋。保存时间超过2周的蛋也不宜作种蛋，种蛋的存放时间越短，孵化率越高。同时应选择健康、高产的优良山鸡所产蛋作种蛋。

2. 种蛋的消毒与保存

种蛋的消毒：种蛋在贮存前应进行消毒。将收集好的种蛋及时送入种蛋库消毒，常用的消毒方法有甲醛熏蒸、新洁尔灭喷雾消毒等。每立方米空间用甲醛28毫升和高锰酸钾14克进行熏蒸消毒20分钟后通风。也可用0.1%新洁尔灭进行喷雾消毒，不过喷雾消毒容易出现死角。也可用0.05%高锰酸钾溶液清洗消毒，将种蛋浸泡3分钟，洗去表面污物，取出晾干，因为操作繁琐，只有在种蛋数量较少的时候使用。

种蛋的保存：山鸡种蛋保存时间为4～7天，一般夏秋季不超过4天，其他季节不超过7天较好。种蛋越新鲜孵化效果越好，存放时间长，胚盘容易衰老。因鸡胚的发育临界温度在23.9～24℃，所以保存温度以12～15℃为宜，保存温度过低容易导致鸡胚冻伤，保存时间在1周以内可选择15℃，超过一周以12℃较好。保存湿度以70%～75%为宜，可在旁边放置水盆或采用加湿器保持湿度，过干过湿都不利于种蛋的保存。种蛋可放在蛋盘上存放，短时间存放，应将大头朝上，保存时间长应将小头朝上较好。种蛋存放时间超过7天，为防蛋黄与蛋壳粘连，应每天翻蛋1～2次，种蛋库每天应注意开启门窗通风。

3. 雏山鸡的引进

养殖户应从种源可靠、饲养管理水平高的种山鸡场选购雏山鸡作种苗，山鸡品种很多，有的品种生产性能优良，有的品种繁殖力强，有的品种肉质细嫩、口感好，可根据自身实际需要选择品种。优质山鸡苗体形匀称、羽毛干净、腹部平坦，脐部愈合良好（图4-6）。雏山鸡腿脚有力，站立稳健，声音响亮，行动敏捷。弱雏或病雏容易死亡，即使不死，日后也会生长受阻发育不良。

图4-6 雏山鸡

第三节 山鸡的繁殖和人工孵化技术

一、山鸡的繁殖

山鸡性成熟较晚，一般在10～11月龄才性成熟。野生状态下，山鸡的繁育季节为每年的3～7月间。每年的3月份开始繁殖，5～6

月份是繁殖高峰期，7 月后停止交配、繁殖。在人工饲养条件下，由于营养、温度、光照等条件的改善，山鸡性成熟提早，交配、产卵的时间提前，而停止产蛋的时间推后，繁殖期延长。人工饲养的美国七彩山鸡，在 5～6 月龄可达到性成熟，每年 3 月份开始交配，5～7 月为繁殖高峰期，过了 8 月，交配停止。

繁殖期公山鸡具有强烈的争偶现象，相互啄斗中，一般发育好、体形大的青壮年公山鸡容易获胜，获胜者通常被称为“王子鸡”。“王子鸡”的确立有利于鸡群安定，提高种蛋受精率，因此不要轻易抓走“王子鸡”。

二、山鸡的繁殖方法

1. 山鸡的自然繁殖

山鸡的自然繁殖是指在自然状态下，混合饲养的性成熟公、母山鸡，自发地进行交配、排卵、受精、产蛋的一种正常生理行为，在放养山鸡中多见。

自然繁殖时要注意山鸡的公母比例，保证山鸡群的受精率。一般 100～200 只山鸡可形成一个鸡群，公、母比按照 1∶5～1∶6 进行配比。

繁殖季节山鸡一般在早、晚交配，雄山鸡发出清脆的“嘎嘎”叫声，诱引雌山鸡。雄山鸡颈部羽毛蓬松，尾羽竖立，追赶雌山鸡，头不停地上下点动，一侧翅膀下垂，另一侧翅膀不停地扇动，围着雌山鸡来回奔走，交尾时跳到雌山鸡背上，用喙啄雌山鸡头项羽毛，交尾一般在 10 秒内完成。

2. 山鸡的人工授精技术

通过人工授精技术，可提高山鸡种蛋受精率，减少母山鸡损伤，提高存活率，减少种公鸡的数量，降低成本。

1）选种：应选用 8～12 月龄、性成熟、毛色光亮鲜艳、羽毛丰满、身体健壮、体形匀称、精神饱满、叫声洪亮的公山鸡。

2）采精：采精前应对公山鸡进行按摩训练，使用固定程序，每天采精一次，使公山鸡熟悉并适应采精过程，建立条件反射。采精时，一名操作者用 75%的酒精对公山鸡泄殖腔周围进行消毒后固定，要待酒精完全挥发，以免影响精子活力。固定后在公鸡腹部来回按摩约 20 秒，暴露泄殖腔，另一名操作者将采精杯放在泄殖腔口，用拇指和食指轻轻挤压泄殖腔，精液随即排出。操作时，不可强行采精，否则可能导致公山鸡不射精。采精前应将公山鸡肛周剪毛，停食 3～4 小时，采精不宜过频，可 2～3 天采一次；采精人员要固定，手法要娴熟，减少对公山鸡的应激。收集的精液最好在 30 分钟内使用，若不能马上利用，应低温保存。正常精液为乳白色液体，不透明。应避免血液、粪便或毛屑混入精液而影响精液品质。一般一次采精量在 0.3～0.5 毫升。

3）输精（图 4－7）：每天下午 3～4 点母鸡输卵管内一般无蛋，输精可在此时进行。采集的精液不能直接使用，应先用灭菌生理盐水按 1∶1 对精液进行稀释。输精及精液稀释所用物品应先消毒，再用 38℃左右温水预热。可用一次性注射器进行输精，输精时将母山鸡固定好，将泄殖腔左侧的输卵管口翻出，将盛有精液的注射器插入输卵管内 2～3 厘米，不要按压母鸡腹部，输精后将注射器拔出。每 5～7 天输精一次可保证受精率在 90%左右。

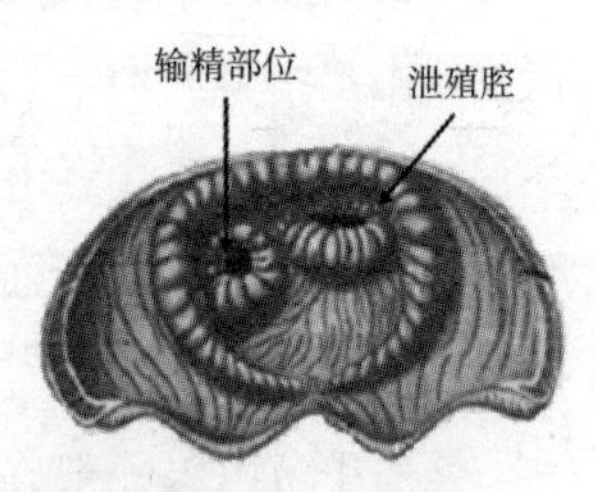

图 4－7 输精

三、山鸡人工孵化技术

1. 孵化前的准备工作

1）消毒

孵化前需要清扫孵化室，清洗孵化器、蛋盘、蛋架车；对孵化室地面、墙壁及孵化器进行消毒，减少雏禽疾病感染率。同时应保持孵化室良好的通风，调节好温度和湿度。可将孵化室的温度控制在22～25℃，湿度65％左右。

2）制订孵化计划，准备孵化用具

根据养殖场自身实际情况制订孵化计划，准备温度计、消毒药品、消毒器具等用品。

3）设备检修（图4－8）

在种蛋孵化前，应检修孵化器供电线路，检查配件，孵化箱密闭性，螺丝是否松动；机器运行是否正常；供温系统、鼓风系统、指示灯是否正常；控温系统、报警系统是否正常工作；校验孵化温度表，检查蛋架车有无松动，蛋盘有无破裂。

图4－8　设备检修

2. 种蛋的预热与入孵

因种蛋储存温度较低，种蛋取出后，要在孵化室内自然预热，使胚胎慢慢“苏醒”，孵化机也要先预热到38℃。待种蛋预热后可码盘入孵。为了方便出雏管理，可选择在下午4点左右入孵，这样一般在白天出雏。

3. 孵化过程管理

温度和湿度管理：温度是保证孵化顺利进行的首要条件，孵化温度一般为前期高、中间平、后期低。空气中湿度对种蛋孵化过程也非常重要，湿度太低容易使胚胎黏壳、孵化后期出雏困难；湿度太大，易使孵化的雏山鸡蛋黄吸收不良，体质差，易死亡。湿度管理应采取前期高、中间平、后期高的原则，一般在孵化期的1～7天温度为38.0℃，湿度为65%～70%，8～14天37.8℃，湿度为60%～65%，15～20天37.6℃，湿度为60%～65%，21～24天（即出壳）37.3℃，湿度为70%～75%。

翻蛋：在种蛋孵化过程中为防止胚胎与蛋壳粘连，使种蛋受热均匀，应进行翻蛋。在孵化头20天每天翻蛋1次，每次间隔3～4小时，每天翻蛋6～8次，翻蛋角度为180°。

晾蛋：晾蛋可加强鸡胚的气体交换，减少蛋内积热。因此在种蛋孵化的中后期应进行晾蛋。孵化16～20天时每天晾蛋1次，落盘后每天晾蛋2次。晾蛋时间可自行控制，一般为10分钟，等蛋温降到35℃时可以继续孵化。

喷水：山鸡蛋壳坚硬、蛋壳上的膜比较厚，喷水能使蛋壳松脆，提高出雏率，同时喷水也可降低蛋温，提高晾蛋效率。可在孵化第21～24天时，每天用32～35℃的温水喷水1次，利于雏山鸡出壳。

照蛋（图4-9）：主要是检查蛋的受精情况和胚胎的发育情况，可检出无精蛋和死胚蛋。整个孵化过程中一般要照蛋2次，头照在孵化第 6～8 天时进行，检查种蛋有没有受精，有助于及时取出无精蛋。正常受精蛋胚胎发育良好，胚胎有放射状血管，颜色发红，胚胎上有眼点，无精蛋则无此现象。第二次照蛋在孵化到第 21～22 天进行，可帮助剔除死胎蛋。活胚蛋气室周围有粗大的暗红色血管包围，气室倾斜、边缘整齐，胚体呈黑红色；死胚蛋气室周围无血管，气室模糊。也可在孵化过程中不定期地照蛋，观察胚胎发育状况。

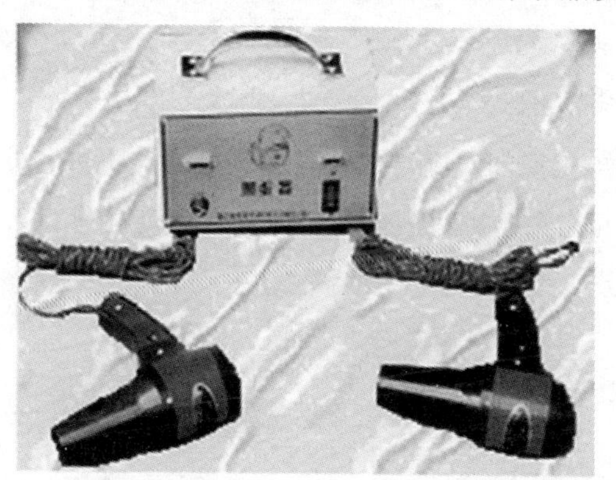

图 4－9　照蛋设备

4. 落盘与出雏管理

当种蛋孵化至第 22 天，要将胚蛋落盘。落盘后要适当降低温度，可增加水盘，提高空气湿度。在孵化至第 23 天开始出雏，到第 24 天全部出壳，若有的雏鸡出壳困难，也可人工辅助破壳。山鸡出壳后，应将幼雏放到出雏器中等羽毛干后再转移到育雏箱中。拣雏不能太早，羽毛未干的幼雏对环境适应性差；拣雏也不能过晚，否则雏山鸡活动性增强，可能掉入水盘淹死。

5. 停电管理

在种蛋孵化过程中可能会遇到停电等突发情况，因此在孵化前应准备手电等照明用具，备用发电机，一旦发现停电，可马上启动发电机发电。若没有发电设备，在孵化前期停电时应注意保温，可采用火炉等加热，尽量提高到接近孵化温度。孵化后期停电应注意散热，可打开孵化器箱门进行散热，同时注意翻蛋，并迅速检修线路，尽快恢复供电。

6. 卫生管理

孵化工作人员进出孵化舍都应进行消毒。每次孵化工作结束后，应将孵化器、出雏器及用具进行彻底清扫和消毒，孵化后废弃物应装袋、坑埋或焚烧。

7. 孵化记录管理

在种蛋孵化期间，应对入孵日期、品种、蛋数、种蛋来源、照蛋情况、孵化结果、孵化期内的温度及湿度变化等做好记录，方便进行工作总结，统计孵化成果。

第五章　山鸡的饲养管理技术

生态放养山鸡多以农户散养为主，随着畜禽规模养殖的推进，放养方式越来越少，但与集约化畜禽养殖相比，林地放养活动空间大，符合山鸡活泼好动的特点，也充分利用了农村闲置的林间空地，减少了配合饲料的用量，具有投入少、成本低、经营灵活、养殖效益较高等特点，但是放养是一种粗放饲养方式，存在料肉比高、不利于疾病控制等不足，因此做好生态散养山鸡饲养管理是决定成功的关键因素。

舍内笼养方式　一般按照生长发育阶段的特点将山鸡饲养管理分为育雏阶段和育成阶段，林间放养山鸡与舍内笼养类似，生产上常将山鸡的饲养管理分为育雏鸡的饲养管理阶段（0～4周龄）和中后期的饲养管理阶段（4周龄至上市），育雏阶段（0～4周龄）采用育雏舍供温饲养，中后期（4周龄至上市）采用舍外放养的方式饲养。

第一节　雏山鸡的饲养管理

刚出壳的雏山鸡，体温调节能力差，环境适应能力弱，如果本阶段饲养管理不当，很容易受到病原微生物的危害而造成雏鸡大规模发病，直接影响到山鸡的成活率，因此育雏阶段的饲养管理至关重要，必须选择合理的育雏方式、适宜的光照及饲养密度、科学的饲喂方法，并严格卫生防疫，这对于提高山鸡育雏成活率具有重要意义。

1. 育雏前的准备

刚出壳的雏鸡体温调节功能不完善、抗病力差、消化能力弱，对环境条件的变化十分敏感，为了使雏山鸡有最适宜的生长环境，必须做好各项育雏前的计划准备工作。

接雏前两周。要制定好进雏数量和人员培训等详细计划预算，检修笼具和门窗等基础设施。设备采购包括温度计、记录本、台秤、喷雾器、注射器等物品。

接雏前一周。为了减少雏鸡疾病的发生，必须在接雏前一周将育雏舍冲洗干净，并进行严格的消毒。对墙壁可用10%生石灰刷白、消毒，对地面、用具等可冲洗干净后用3%烧碱水喷洒1～2次，对育雏舍周边可用2%～3%的烧碱或生石灰进行消毒。有条件的可以用福尔马林28～32毫升/米^3，高锰酸钾14～16克，水16毫升，温度15～20℃，对房舍和器具进行熏蒸12～24小时，其间要禁止人、物进出。消毒后要空舍1周待用。

接雏前1～2天。准备好雏鸡专用全价饲料和必需药品、疫苗。山鸡饲料准备按0～6周龄累计饲喂750～800克计算，饲料准备量以一周吃完用量为宜。育雏期所用疫苗根据本地疾病流行情况制定免疫程序，主要准备马立克病疫苗、新城疫苗、传染性法氏囊病疫苗、传染性支气管炎疫苗和鸡痘疫苗等疫苗。准备足够的喂料盘、饮水器，按每100只鸡需3～5个3升供水器的标准准备。

接雏前12小时。试运行供温设备（煤炉和电炉）和照明设备（取暖灯），舍内温度升至30～33℃。

2. 育雏方法的选择

养殖户根据饲养雏山鸡的数量、资金、场地及设备等情况选择合适的育雏方法，育雏方法与舍内笼养相同，一般分为地面平养、网上平养和立体笼养三大类。

（1）地面平养

地面平养是指在地面上铺设一层5～8厘米的垫料，雏鸡在垫料上生活的一种育雏方式，具有投资少、设备简单的特点，很适合小规模养殖户，但也有占用面积大、管理不方便、疾病较多等缺点。

按照每批育雏1600～2000只规模设计，需用保温板或砖修建长20米、宽5米、高2.5米的育雏舍，将其分隔成4间，每间用8个灯泡作为热源取暖。地面垫上稻草、谷壳和锯末垫料。采用塔式饮水器供水，每50只雏山鸡饮水用需1个容量为3升的饮水器。

（2）网上平养

网上平养即在地面平养的基础上，在离地面50～60厘米高处搭设长网床，雏山鸡在网上生活的一种育雏方式。网床大小要根据鸡舍面积灵活调整，一般为长100厘米、宽50厘米、高50厘米，要在网床边留运输过道，以便饲养操作。网眼为1.5～3厘米，以鸡爪不能进入而鸡粪能落下为宜。

（3）立体笼养

立体笼养与其他方式相比，具有养殖密度大，占地面积小，便于管理等优点，很适合大规模养殖，一般选择立体育雏山鸡的养殖户多为从饲养其他品种改为养山鸡的规模养殖户。养殖户根据育雏舍的大小选择购买标准鸡笼，在安装时将地面挖出一凹槽，离最底层鸡笼30～40厘米即可，以便用水冲洗清理鸡粪和消毒。

3. 育雏期的饲养管理

（1）饮水与开食

出壳山鸡第1次喂食称为开食。开食不能太早也不能太晚，一般多在出壳后25～35小时或初次饮水后2～3小时进行，开食饲料要求新鲜，可直接购买雏鸡专用料。雏鸡出壳至 21 日龄可用雏鸡全价饲料，饲料品种一旦选定，不可随意多次更换饲料，以免影响雏鸡采食，7 天以后也可饲喂经浸泡过的碎玉米、碎大米和小米。除了饲喂配合饲料外，还可以饲喂适量的青绿饲料和动物性饵料，如青菜、黄粉虫等，约占饲料总量的 10%，随日龄的增加可增加至饲料总量的 20%～30%。饲喂应多次少量，每次以当次能吃完为准，开食至 7 天一般每 2～3 小时喂 1 次，昼夜喂料，前 1 周饲料撒在平底料盘或用有色塑料布（最好白色），1～2 周后改用食槽或平槽，每天饲喂 6～7 次，并应适量喂给干净的细沙；15 日龄后每天饲喂 5～6 次。

雏山鸡放入舍室 1～2 小时后即可饮水，饮水最好是 20～30℃的温开水，在水中添加 3%～5%葡萄糖或电解多维等物质，1 周后可改用自来水或深井水。应随时保证水源充足及饮水器清洗干净，如有饲料或粪便掉入，要及时清理，并每天对饮水器清洁消毒，同时要保证饮水器不漏水，防止打湿垫料和饲料。

（2）温度与湿度

育雏室的室温要求在 18～33℃之间，随着日龄的增长逐渐降低，这对育雏室保温性能要求较高。在保温的同时，育雏室还应具备一定的通风性。通风时通风时间不宜过长，气流不宜过快，每次 5～10 分钟即可，每天上、下午各 1 次，可在通风前临时提高室温 2～3℃，然后再通风，以既保证空气流通又不影响室温为宜，同时要注意避免将冷空气直接吹到雏山鸡身上。温度调节具体可为：第 1～3 天温度要保持在 30～33℃，第 4 天至第 2 周为 28～30℃，第 3 周为 26～28℃，第 4 周为 24～26℃，第 5 周为 21～24℃，第 6 周为 18～21℃。除直接观看温度计外，观察雏鸡行为变化是衡量育雏室内温度高低的重要途径。温度正常时，雏鸡活泼好动，不张口呼吸，不打堆，均匀分布在室内；温度高时，雏鸡远离热源，呼吸频率加快，张开翅膀和嘴巴，并发出“吱吱吱”的叫声；温度低时，则尽量靠近热源聚集一堆，发出“叽叽叽”的叫声。

育雏 10 日龄前，舍内湿度应保持在 60%～70%，10 日龄后为 50～60%。若湿度过低，应打开加湿器，增加室内湿度。

（3）密度与光照

雏山鸡的饲养密度要根据具体情况随时调整。首先随着日龄的增长，要及时扩栏以提供更宽阔的活动面积，使饲养密度适当降低。平面育雏条件下 1～2 周龄约 30 只/米^2，3～4 周龄约 20 只/米^2，5～6 周龄 12～15 只/米^2。网上育雏条件下 1～2 周龄 40～50 只/米^2；立体网育雏条件下 1～2 周龄为 50～60 只/米^2。同时要引导室内放牧，可在保温室外 3～4 米处拉一块彩条布，隔成一个空间，对地面消毒后撒上新鲜谷壳，山鸡达到 15 日龄后，在白天中午气温高时，可在保温棚拉开一个角，让部分山鸡跑出保温室活动，刚开始时间不宜过长，随着山鸡日龄增长，可逐渐增加山鸡外出活动时间。

雏山鸡的光照时间不能过长，光照强度不能过大，以免影响休息、睡眠和采食。一般前 1～3 天要保证 23～24 小时光照，以后光照时间逐渐减少，4～7 天保证 20 小时光照，1～2 周龄以后一般不超过 16～18 小时即可，2～4 周龄以后一般不超过 14～16 小时即可。光照强度以每 15 米^2 安装 2 个 40～60 瓦的白炽灯泡为宜，白炽灯泡应高低错开，设立在食槽和水槽附近，便于雏山鸡饮水和采食时取暖。

（4）日常卫生

在雏山鸡管理过程中做好观察记录是一项重要的工作，饲养员每天应注意观察山鸡的各种情况，如精神状态、羽毛、采食、饮水及粪便情况，对室温、湿度、通风、耗料、用药和死雏数等情况要登记记录，并严格按照免疫程序进行免疫。

每天要及时清理打扫卫生，定期做好消毒工作，一周带鸡消毒1～2次。

第二节 放养的饲养管理

为确保林下山鸡的品质，其养殖时间较长，一般在150～180日龄以上。山鸡中后期的饲养和管理是否得当，将直接影响上市山鸡的品质及其种用性能，因此应特别注意。

(1) 放养前准备

搭建鸡棚。按前述要求选好场地后，以简易、经济为原则，遵循因地制宜、就地取材和因陋就简的原则，搭建永久式或简易棚舍。对鸡棚下地面进行平整、夯实，然后喷洒生石灰水等消毒液。棚宽5米，长度依鸡群大小而定（每平方米容鸡15只），棚顶中间高1.8～2米，前后墙高1米左右。棚顶上先覆盖一层油毡，油毡上面覆盖一层茅草或麦秸，草上覆盖一层塑料薄膜防水保温。棚的四壁用玉米等秸秆编成篱笆墙或用塑料布围上，塑料布的下面不要固定，炎热时可掀开1米左右，以利降温。棚舍南面留几个可以启闭的洞口，用于鸡只进出。棚舍四周应有排水沟。野外放养，为防止鸡受寒、受潮和遭兽害，鸡舍内要设栖架，大小应视舍内鸡数而定。栖木可用直径3厘米的圆木，也可用横断面为2.5厘米×4厘米的方木，长度根据鸡舍大小而定。栖架四角钉木桩或用砖砌，木桩高度为50～70厘米、距墙30厘米，栖木与地面平行钉在木桩上，栖木间距离应不少于30厘米，整个栖架应前低后高。栖架应定期消毒。鸡舍内应设有食槽、饮水器等。制作食槽可选用木板、竹子、镀锌板或硬质塑料等，槽长1～2米，槽上口宽25厘米，两壁成直角，壁高15厘米；饮水器可选用槽式、吊塔式等饮水器。根据鸡群多少和果园面积，适当搭建一些鸡棚，供鸡雨天宿营，对防止鸡群被雨淋打、烈日暴晒、意外惊动等不可缺少。鸡棚要简易，屋顶可用草帘、油毡或石棉瓦制成。屋架用木条、竹竿制成，屋的支架用木棍、砖砌制。地面平整，房前最好有供鸡活动和补饲的平地，有条件的最好支网架，雨水大时，鸡可以在网架上栖息。

准备饲料。开始放养的一段时间内，鸡仍以采食饲料为主，以后逐步转为以觅食为主，所以应备足饲料。饲料要新鲜，无发霉、变质、结块及异味现象，更换要求循序渐进，适应 1 周。9 周龄后全部换为谷物杂粮，以保证鸡肉风味，故还要准备适量的农副产品、五谷原粮、青菜及土杂粮等。

准备饲槽及饮水器。每 100 只鸡需要一个 8 千克容量的塑料饮水器。饲槽按每只鸡 3 厘米采食宽度设置，也可选择塑料料桶。

淘汰残次鸡。对拟上山的鸡进行筛选，淘汰有病、残疾和体弱鸡只。

（2）做好转群工作

首先，将雏山鸡从室内转到室外温度差异较大，对山鸡造成的应激较大，极易引起山鸡大规模生病，因此要做好转群的相应工作。一般夏季在 4～5 周龄，春秋季 6～7 周龄，冬季 7 周龄左右，选择天气暖和或晴天早晨转群。其次，为了减少因转群、脱温等引起的应激，可在饲料或饮水中加入一定量的维生素 C 或复合维生素等。再次，转群放养前几天对鸡群状况要加强观察。

（3）放养阶段的饲养管理

放养阶段可以细分为 4～6 周龄舍饲与放养相结合阶段和 6 周龄以后放养阶段。4～6 周龄阶段采用舍饲为主、放牧为辅的饲养方式，6 周龄至上市采用放养的饲养方式。

1）舍饲与放养相结合阶段饲养管理

雏鸡脱温后进入林地后，要在鸡棚边用尼龙网等材料围成一个放牧场地，让山鸡逐步适应山间环境。每群鸡活动的林地周围最好用铁丝网或尼龙网圈起来。

放牧时间：放牧时间视季节、气候而定，夏天9：00～17：00为放牧时间，有露水的天，最好等露水干了以后放牧，冬天10：00～16：00适度放牧。

合理补饲：补饲料由放养初期（第4周）的全价料逐步转换为谷物杂粮，放养期可早、晚投喂农副产品、五谷原粮及土杂粮等，一般投喂量控制在舍养需要量的30%～50%。按照“早半饱、晚适量”原则确定补饲量，即上午放牧前不宜喂饱，放牧时鸡通过觅食小草、虫、蚁、蚯蚓等补充。夏季晚上，可在林地悬挂一些白炽灯或紫外线灯，以吸引更多昆虫让鸡群捕食。刚刚脱温的雏鸡觅食能力较差，要多补充喂料（以全价配合饲料为主），5周龄雏鸡分早、中、晚补饲3次。中期减少喂料，以放牧觅食为主。第6周起中餐可以免喂。饲喂量早餐由放养初期的足量减少至7成。

定时喂料：对鸡群，每天定时投放饲料。喂料时用口哨或敲打料桶等办法集合鸡群，用料盆盛料，或将饲料投放到平整的地面上，确保每只鸡都能采食到。在补饲的地方还要为鸡群提供清洁饮水。

放养密度：放养规模一般以每群1000～1500羽为宜，采用全进全出制。第5周龄以每亩林地放养1500～2000羽；第6周龄以每亩林地放养1000～1500羽。

做好放养训导工作，从育雏室转入山间林地放养棚舍内，环境差异较大，还没有形成室外采食的生活习惯，为尽早让小鸡养成在果园山林觅食的习惯，从小鸡转入山林开始，每天早晨至少由两人配合，进行引导训练。常常是一人在前吹哨开道并抛撒饲料，让鸡跟随哄抢，另一人在后用竹竿驱赶，直到鸡全部进入果园山林。为强化效果，每天中午还可在林中吹哨补饲一次，同时坚持及时赶出提前归舍的鸡，并控制鸡群活动范围，直到傍晚再用同样的方法进行归舍训练。如此反复训练5～7天，鸡群就会建立起“吹哨——采食”的条件反射，以后只要吹哨即可召唤鸡群采食，大大提高了管理效率。

割阉鸡：上市的公鸡一般在6～9周龄进行阉割，有利于降低料肉比，改善肉质，阉割后必须精心做好日常饲养，多喂青料，勤观察，可适当添加维生素K。

2）放养阶段饲养管理

此阶段以散养自然采食林中虫子、青菜、牧草、树叶等为主，辅助补喂农副产品、五谷原粮及土杂粮等。

严防兽害。野外养鸡要注意预防老鼠、黄鼠狼、狐狸、鹰和蛇等天敌的侵袭，鸡舍不能过于简陋，应及时堵塞墙体上的大小洞口，鸡舍门窗用铁丝网或尼龙网拦好。同时要加强值班和巡查，检查放牧场地兽类出没情况。

避免应激。开始放养时，时间宜短、路宜近，以后慢慢延长。放牧的最初几天，放养时不要让狗及其他兽类突然接近鸡群，以防惊吓。

防疫和消毒。制定科学的免疫程序并按免疫程序做好鸡新城疫、传染性法氏囊炎等重要传染病疫苗的预防接种。定期对鸡舍和放牧场地消毒，对放牧场地实行划片轮牧，一次性放养50～150只/667米^2；长期放养10～20只/667米^2，应开展分片轮牧。

加强巡逻和观察。放养时发现行动落伍、独处一隅和精神萎靡的病弱鸡，及时隔离观察和治疗。鸡只傍晚回舍后要清点数量，以便及时发现问题、查明原因和采取有效措施。

加强管理。在放牧场地中每隔一段距离放1个饮水器，使鸡有充足饮水。放养期间，应遵循“早宜少、晚适量”的补饲原则，同时考虑幼龄小鸡觅食能力差的特点，酌情补料。放养规模以每群1500只为宜，规模太大不便管理，规模太小则效益太低。母鸡开产前应先做好驱虫和预防接种，再回到固定鸡舍准备产蛋。密切注意天气变化，遇有天气突变，下雨、下雪或起风前，应及时将鸡赶回鸡舍，以防风寒感冒；天气炎热时应早晚多放，中午在树阴下休息或赶回鸡舍，不可在烈日下长时间暴晒，防止中暑。

放养鸡的补饲，具体根据林地提供食物和补料多少而定。①补饲饲料由玉米、食盐和昆虫等组成，补饲多少应根据野生饲料资源的多少而定。早晨少喂，晚上喂饱，中午酌情补喂，晚上最好补喂一些配合饲料。②傍晚补饲期间，可在鸡舍周围安装几盏照明电灯或能诱虫的黑光灯，这样昆虫就会从四面八方飞到灯下，被等候在灯下的鸡群当作夜餐吃掉，鸡吃饱之后，将灯关闭。③为了节约饲料开支，解决蛋白质饲料的不足，可人工培育黄粉虫、蚯蚓、蝇蛆和地鳖虫等喂鸡，育虫原料来源广、成本低，培育方法简便。

设置避雨（暑）棚。面积按每平方米养15～20只鸡搭建。棚舍内地面平整，设置栖息架；棚舍外应设排水沟。在棚舍内和周围放置足够数量的饮水器及料桶（槽）。

适时出栏。林地饲养山鸡一般在120～180天，体重1.5～2千克即可出栏。饲养时间过长，饲料的投入多，投入产出比下降。体形小的鸡饲养期宜短些，地产山鸡、白羽山鸡等品种，可以在120天左右出栏，最长不宜超过140天，体形大的山鸡及主要准备过年过节销售的山鸡，则饲养期要长些，七彩山鸡、特大型雉鸡，可在150～180日龄内销售完毕，饲养时间长，羽毛更加艳丽，具体的出栏时间也可根据市场行情确定。

第三节 山鸡的饲养管理模式

山鸡的饲养必须根据不同的生态条件与目的，选择合适的、不同类型或用途的场地，在放养山鸡的饲养管理时要有所侧重。

（1）人工林养殖

人工林多处于偏僻山区，所用种苗都是经过人为选择的，南方地区一般为马尾松和杉树林，其树木个体较大，分布均匀，树下灌木丛和蔓生草莽丛较多，因此在马尾松和杉树林放养山鸡，鸡舍一般选择地势较缓、背风向阳、林冠较稀疏、冠层较高的地带，附近最好有深井水或山泉水，鸡舍类型要选择建设封闭式棚舍，因为人工林地处偏远，野生动物出没较多，兽害比较严重，封闭式棚舍不仅可以起到防寒、防风作用，还可以起到防兽的作用。山区昼夜温差较大，晚上要注意保暖。

马尾松和杉树林下植被丰富，夏季林地内杂草丛生，野生杂草较多、昆虫繁衍旺盛，秋季落叶较多，山鸡群可采食到充足的生态饲料，是此类林地放养最好的季节，可以适当减少饲料的用量。一般每天早晨和傍晚各补喂 1 次五谷杂粮。春季和冬季林地缺乏天然饲料资源，有时被雪覆盖，需要每天补饲 3～4 次，并且增加补饲量。若一块林地草虫不足时，要将山鸡转移到另一块林地放养，或一块林地利用完后翌年转移到另一块林地。

马尾松和杉树林下植被丰富，兽害较多，如老鹰、黄鼠狼等。每天要定时巡视鸡群，特别是夜间要关好鸡舍门窗。

林下放养山鸡，鸡群活动范围大，接触外界病原菌机会多，给鸡群的防疫和疾病防治增加了难度，因此要加大防疫力度，禁止其他人员或禽类进入。放养完的林地要及时清理，既有利于林木的生长，又有利于防疫。

（2）果林养殖

与马尾松和杉树林不同，果树林比较低矮，树高 2～3 米，林间密度小，地势开阔平坦，灌木丛较少。鸡舍要求选择果园地势高燥的地方搭建，坐北朝南，有利于采光和保暖。

果园为了保证丰收，需在挂果季节喷洒药物以防止病虫害，其中有的农药毒性大，对山鸡可能有毒害作用。因此要巧妙安排，预防山鸡农药中毒。首先，在选择农药品种时，尽量选用低毒高效的农药，其次，喷施农药 2～3 天后等农药毒性过后再进行放养，或实行限区域放养，若遇到大雨，2～3 天即可放养，若是晴天，则要延长 1～2 天再放养。最后，选择果树林品种时，尽可能选择抗病力强、抗虫品种果树，尽量减少喷药次数，以减少对山鸡的影响。

根据果园面积，每亩放养山鸡 30～50 只，一般在 3～10 月进行放养，此阶段果园内可采食的昆虫饲料丰富、牧草生长旺盛、果园副产品残留多，可很好利用以减少饲料用量，但如果部分果子自然落果后腐烂时间较长，鸡吃后易引起中毒，因此要注意清扫腐烂严重的落果，特别是大风大雨过后落果较多要更加注意。

鸡群活动在果园内，兽害较多，如老鹰、蛇、黄鼠狼等。每天要巡视查看鸡群，夜间要把山鸡群赶至鸡舍，关好鸡舍门窗。冬天要注意强冷空气，做好保温工作，夏天要注意大雨大风，在刚放养前一两周，更要随时注意变化。

第四节　不同季节的饲养管理要点

热天放养：要在林地内放置饮水器，白天让山鸡吃、睡在林间。晚上要将鸡只全部赶回鸡舍。若遇雨天，大风天气绝不能将鸡放出，若太阳很大，可适当搭建遮阴棚供鸡只休息。

冷天放养：室外放牧要选择晴天中午进行，鸡要放到背风处，刚放养时，时间不宜过长，开始每天放养 2～4 小时，以后逐天增加放养时间，使雏鸡逐渐适应环境的变化。特别要注意夜间保温工作。下雨天、大风天、气温较低时均不宜放牧。

第六章 山鸡的疾病诊断及防治

第一节 当前鸡病流行特点

随着养鸡业的发展，养鸡品种的增多，药物、疫苗的非规范化使用和日益变化的生态环境，当前鸡病的流行出现了一些新的特点。鸡病种类越来越多，传染性增强，危害加大。

1. 传染病呈现出慢性和非典型性特征

近年来大家对传染病的危害认识不断加深，对疾病的预防和疫苗的使用非常重视，因为疫苗的使用，加上一些病原体的不断进化和变异，很多疾病出现非典型化，发病症状不典型，如出现非典型性新城疫，虽然病死率低，但可降低蛋鸡产蛋率。

2. 鸡的抵抗力不断下降

由于平时防疫工作不到位，漏免或者疫苗失效等都容易导致鸡体抵抗力下降，同时饲养者若不勤于打扫卫生，消毒不彻底，粪便污水未及时处理，也容易使鸡体抵抗力降低。现在在一些养鸡场中，人们因为过度地追求经济效益，使鸡群长时间处于应激状态，导致鸡体内分泌异常，对不良因素抵抗力降低，导致应激综合征等多种疫病发生。

3. 鸡病混合感染增多，危害严重

由于管理不当，不同日粮阶段混养，消毒措施不到位等，在养鸡过程中，很容易出现多种疾病的混合感染，因为临床表现的多样、病理变化非典型，使得我们对鸡病的诊断变得困难。常见的有鸡新城疫和鸡大肠杆菌病的混合感染，鸡大肠杆菌病与鸡传染性支气管炎、大肠杆菌病与球虫病的混合感染等。

4. 耐药细菌不断增加

由于抗生素的滥用、错用，及抗菌药物作为饲料添加剂的常态化使用，导致许多细菌对抗生素产生了耐药性，使我们对鸡病的防治难度加大。像大肠杆菌病、支原体病等发生时，用土霉素治疗，几乎没有效果。

5. 新的传染病不断出现

随着现代养殖业的规模化，鸡及其肉、蛋产品的流通区域不断扩大，当前不断有新的鸡病出现。由于片面追求经济效益，过度饲养，许多病原容易变异，引发新的疾病。同时因为大量从国外引种，加上缺乏有效的监测手段和完善的配套措施，导致引种过程中可能引进疾病，给养鸡业带来严重损失，并且动物疾病向人类传播的风险也在不断加大。

6. 鸡病的控制变得越来越难

由于平时饲养管理不到位，如很多养殖户消毒意识淡薄，清粪不及时等，造成许多疾病难以治愈或者反复发作。免疫程序不合理，或者根本不进行免疫，使得很多疾病防不住，同时，由于抗生素的长期滥用、错用，对鸡病的防治难度加大。

第二节 病毒性疾病的综合防治

一、鸡新城疫

鸡新城疫是一种烈性传染病，由新城疫病毒引起，此病也叫亚洲鸡瘟，传染性极强，对养鸡业危害非常大。鸡新城疫和鸡禽流感是危害养鸡业两大最重要的传染病。典型的新城疫主要特征是病鸡呼吸困难，拉稀，双脚麻痹，产蛋山鸡产蛋量下降，多处黏膜出血，传染性强，有较高的死亡率。

1. 流行特点

本病一年四季都可发病，但春秋两季发病较多，鸡不论大小，所有品种都可发病，且该病的传染性极强，病鸡发病率和死亡率都比较高，可以达到90％以上。免疫鸡群由于各种原因可出现非典型新城疫，特别是产蛋高峰期鸡比较常见。

2. 临床症状

典型的新城疫病鸡体温升高，羽毛蓬松，精神差，张口呼吸，鸡冠发紫。嗉囊中有大量酸臭样液体，用手倒提时，有大量黏液从病鸡口内流出。拉黄绿色或黄白色稀粪。有时会出现神经症状，如两脚麻痹，甚至瘫痪，头颈歪斜、原地转圈等，死亡率很高。产蛋鸡产蛋量下降，出现大量的畸形蛋、软壳蛋。

非典型新城疫一般出现在免疫了新城疫的鸡群，雏鸡主要表现为口中有黏性液体，呼吸困难，张口呼吸，摇头和翅膀下垂等神经症状。成鸡主要表现为拉稀，软壳蛋、畸形蛋增多，产蛋量下降。

3. 病理变化（图 6－1）

典型新城疫病鸡多处黏膜出血，特别是消化道和呼吸道黏膜。病鸡食管和腺胃的交界处出血、腺胃乳头出血，腺胃和肌胃交界黏膜出血，小肠黏膜也有不同程度地出血，回肠黏膜和盲肠扁桃体出血坏死，其他肠道也有充血、出血，喉头充血、出血，气管黏膜充血、出血。产蛋山鸡还会出现卵泡充血。

4. 防治措施

（1）平时加强对山鸡的饲养管理，加强营养，减少不必要的应

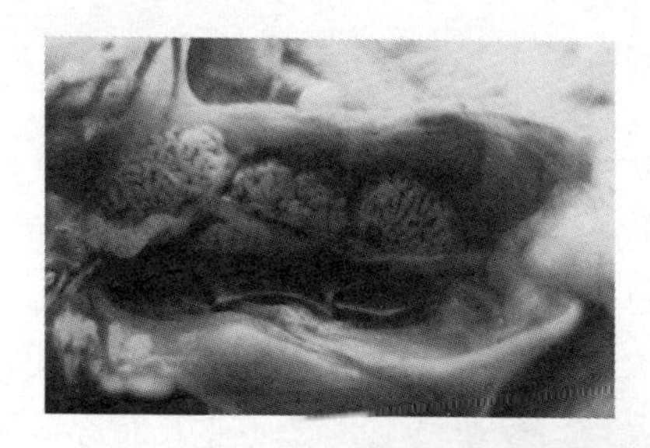

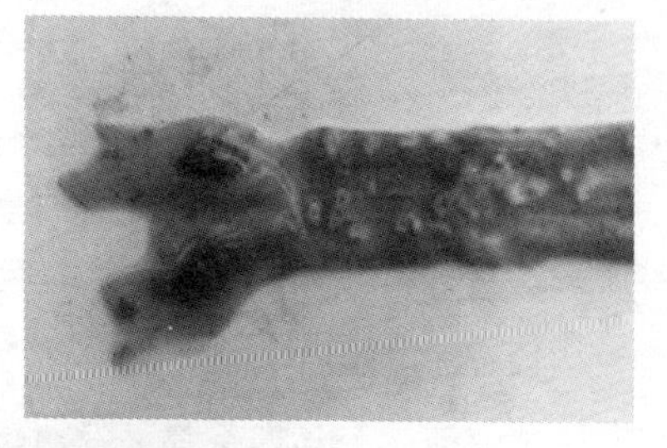

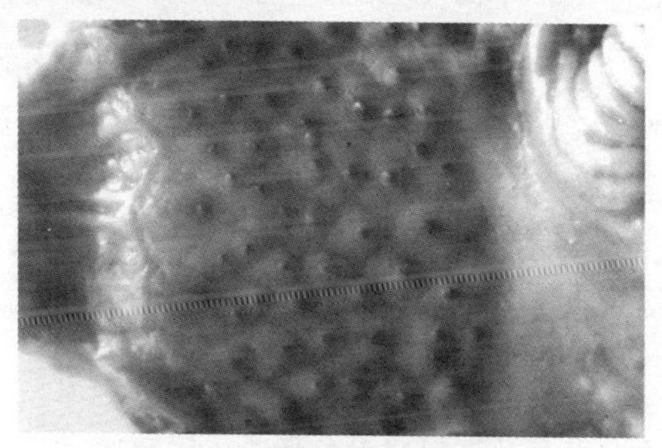

图 6－1　鸡新城疫病理变化

激，有利于提高鸡群的抗病能力；在引进种鸡或鸡出栏时应坚持全进全出；对鸡舍和进出人员定期消毒，减少发病率。

（2）疫苗接种。现用新城疫的活疫苗主要有四种，其中Ⅱ系、Ⅲ系和Ⅳ系苗是弱毒苗，适用于雏鸡及成鸡。Ⅰ系疫苗毒力较强，只能给青年或成年山鸡使用。可在鸡 1 周龄和 3 周龄时用Ⅱ系或Ⅳ系苗进行免疫，在 42 日龄及开产前用油佐剂灭活苗肌内注射免疫。

（3）中草药防治。可用金银花、板蓝根、连翘、蒲公英、甘草、青黛各 120 克煎汁喂服，1 剂为 100 只鸡的用量，每天 1 剂，连续用药 3～5 天。

（4）一旦此病发生，应隔离病鸡，对鸡场进行彻底消毒，对未发病鸡群可用Ⅳ系苗进行紧急免疫接种，可在一定程度上减少死亡率，降低损失。

二、鸡禽流感

鸡禽流感也叫真性鸡瘟，是一种烈性传染病，由流感病毒感染所致。其传染性强，一旦发病，死亡率极高。

1. 流行特点

鸡禽流感一年四季都可发病，但在寒冷的冬季和春季发病较多，鸡不论大小都可发病，且该病的传染性极强，病鸡发病率和死亡率可以达到100%。病鸡口鼻分泌物、粪便中含有大量的病毒，污染的空气、饮水、饲料等均可传播本病。

2. 临床症状

高致病性禽流感鸡群，往往没有症状即引起大规模死亡，死亡率可达100%。病鸡往往精神差，饮食减少，体温升高，鸡冠肿胀发紫，脚部鳞片呈蓝紫色。拉白绿色稀粪，病鸡咳嗽，呼吸急促，头部、颈部及眼睑周围肿大。产蛋期鸡群产蛋减少，畸形蛋、劣质蛋明显增多，甚至出现停产。一般病鸡在5～7天内死亡，少数未死病鸡出现头颈歪斜或仰头望月状等神经症状。

3. 病理变化（图6-2）

禽流感病鸡主要病变表现为全身性出血，鸡冠出血，病鸡喉头、气管出血，腺胃乳头出血，胰腺有白色坏死点，心脏、脾脏有出血点，腹部脂肪有出血点，胸部肌肉和腿部肌肉有出血点，输卵管、卵泡充血出血，蛋鸡卵泡破裂进入腹腔。

4. 防治措施

1）本病治疗尚无特效药物，且禽流感容易与其他疾病混合感染，并且流感病毒血清型众多，病原特别容易变异，多种家禽均可感染发病，传播速度快，因此对本病的治疗和免疫都存在难度，所以平时应做好禽流感的免疫接种，减少禽流感的发生。可在7日龄

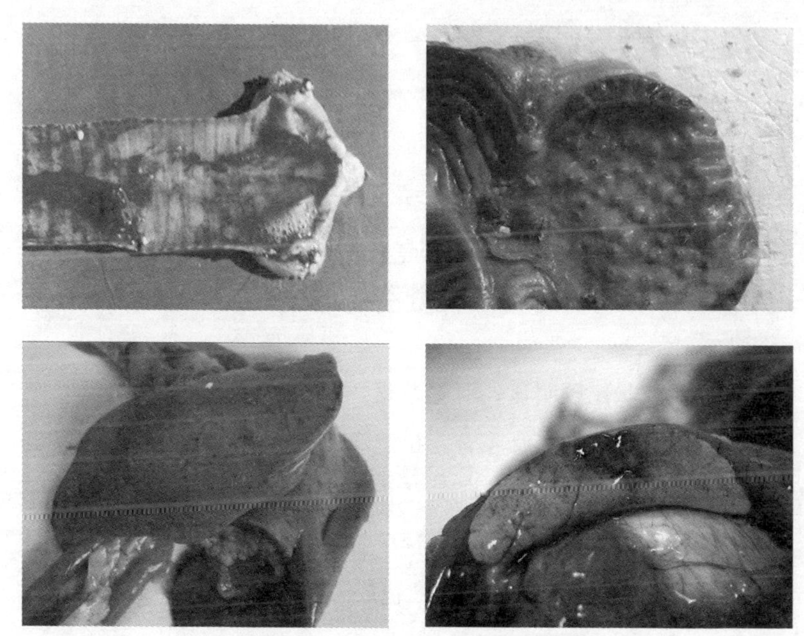

图 6-2　鸡禽流感病理变化

进行首免，28 日龄进行二免，开产前再加强免疫一次。

2）中草药防治，可用野菊花、荆芥、大青叶、地胆、臭牡丹、藿香、鱼腥草、连翘、金银花、犁头草、生石膏、木贼、半枝莲、甘草各 10 克，煎水服用。也可用柴胡、知母、金银花、连翘、枇杷叶、板蓝根、鱼腥草各 500 克，煎水服用，药渣可拌料服用（此为 1000 只鸡 1 天的用量，分 2 次服用）。

3）禽流感是一种烈性传染病，若发现感染禽流感强毒，应立即上报当地兽医主管部门，并迅速封锁病鸡场，扑杀病鸡，对病鸡进行无害化处理。

三、鸡传染性支气管炎

传染性支气管炎是由病毒引起的一种呼吸道传染病。主要特征是病鸡咳嗽，打喷嚏，产蛋鸡产蛋量下降。

1. 流行特点

本病发生没有年龄限制，40 天以下雏山鸡最易感染，死亡率高。病鸡和带毒鸡是主要的传染源，经飞沫，通过呼吸道传播。冬季和春季发病较多，有的地方一年四季都能发病。山鸡场卫生环境差，山鸡营养差或受到不良刺激等都容易诱发本病。

2. 临床症状

雏山鸡症状比较明显，羽毛蓬松，喜欢挤堆，常张口呼吸，咳嗽，流鼻涕，有时有气管啰音，拉黄绿色稀粪。成年山鸡一般只出现比较轻微的呼吸道症状，而产蛋山鸡出现产蛋量下降，蛋品质变差，软壳蛋、畸形蛋增多。感染肾型传染性支气管炎的山鸡没有明显的呼吸道症状，病鸡挤堆、有白色或水样稀粪排出。

3. 病理变化（图 6－3）

呼吸型传染性支气管炎的典型病变为鼻腔、喉、气管、支气管内有干酪样渗出物。气囊浑浊，肺充血、水肿，产蛋山鸡卵泡充满红色血丝、变形，甚至破裂。肾型传染性支气管炎的主要症状是病鸡肾脏肿大出血，肾表面红白相间，呈花斑状，切开内有大量白色尿酸盐沉积，肾小管和输尿管扩张。

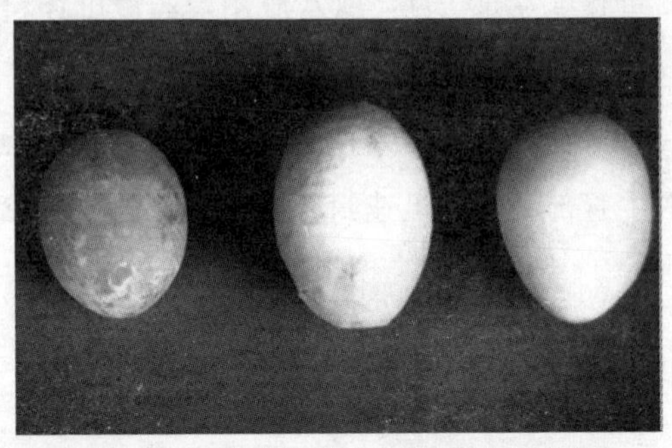

图 6－3　鸡传染性支气管炎病理变化

4. 防治措施

平时加强饲养管理，做好免疫接种，减少此病的发生。常用弱毒疫苗有 H120、H52 和 Ma5，H120 弱毒苗毒力较弱，雏山鸡用 H120 比较好；H52 毒力较强，适合年龄较大的山鸡；而 Ma5 主要用于预防肾型传染性支气管炎。

若发现此病应及时隔离病鸡，对鸡舍进行消毒，采用利巴韦林、干扰素可有一定的疗效，同时应补充电解多维，减少对肾脏的损害，联合抗生素使用防止继发感染。中草药可用穿心莲 20 克，桔梗、金银花、川贝母、杏仁各 10 克，制半夏 3 克，甘草 6 克，制成粉末装入空心胶囊中喂服，每次 1～2 颗。

四、鸡传染性法氏囊病

由传染性法氏囊病毒引起的一种急性传染病，主要危害雏山鸡，引起山鸡免疫功能下降，导致山鸡疫苗免疫失败，对其他疾病易感性增加，死亡率升高，严重影响了养殖业的发展。

1. 流行特点

4 月龄以下山鸡对本病最易感，成年山鸡较少发病。病山鸡和带毒山鸡是主要的传染源，通过消化道和呼吸道传播。

2. 临床症状

病鸡精神沉郁，闭目昏睡，羽毛松乱，翅膀低垂，饮食减少，畏寒，挤堆。拉白色稀粪，粪便干后常粘住肛周羽毛。拉稀严重者容易脱水死亡。一般在发病 3～7 天后，病鸡死亡率慢慢减少。

3. 病理变化（图 6－4）

鸡体脱水，病鸡胸部肌肉和腿部肌肉有出血带或出血斑，肌胃和腺胃交界出血，肝脏、肾脏肿大，肝脏土黄色，肾脏苍白，肾脏有白色尿酸盐沉积，病鸡法氏囊肿大，严重者出血，肠黏膜肿大，

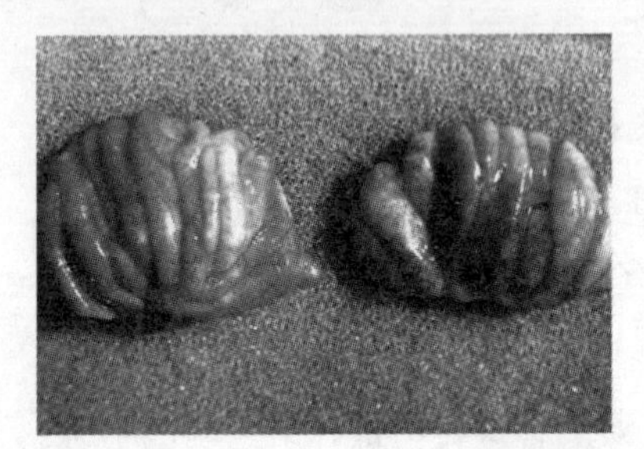

图 6-4 鸡传染性法氏囊病病理变化

有大量黏性分泌物。

4. 防治措施

此病目前还没有特效药物可以治疗，主要以预防为主。可用传染性法氏囊弱毒苗或灭活苗进行预防接种，在 10 日龄左右初免，28 日龄左右二免，开产前进行三免，可有效地减少本病的发生。

也可应用蒲公英、板蓝根、大青叶各 200 克，金银花、黄芩、黄柏、甘草各 100 克，藿香、生石膏各 50 克，加水煎成 1000～1500 毫升浓汁，每只山鸡喂 1～2 毫升，每天 2 次，连续用药 3～5 天。

五、鸡痘

鸡痘是由痘病毒引起的一种以皮肤和黏膜病变为主的传染病。以山鸡体表皮肤无毛或者少毛的地方出现痘疹为主要特征。除了山鸡以外，家鸡、家鸭等都容易感染，本病没有明显的季节性，但是夏秋季由于蚊虫叮咬导致本病多发。

1. 流行特点

鸡痘可以通过接触传播，由皮肤的伤口侵入引起感染；蚊子叮咬，或者体表寄生虫是秋季本病流行的主要原因。饲养场内山鸡啄斗，形成外伤，山鸡饲养密度大，营养差等都能诱发本病。皮肤型鸡痘一般在夏秋季多发，白喉型鸡痘则在冬季多发。有时也有两种类型的鸡痘混合出现。

2. 临床症状

皮肤型鸡痘，成年山鸡多发，主要特征是在鸡冠、眼睑等无毛或少毛的地方出现黄白色的豆状的小结节，产蛋山鸡产蛋量下降。黏膜型鸡痘主要是病鸡的口腔、喉气管黏膜表面出现黄白色的豆状的小结节，随着结节增多，逐渐融合到一起，形成一层假膜，病鸡难以呼吸，可引起窒息导致死亡。

3. 病理变化

病变主要在皮肤和黏膜，皮肤型鸡痘主要是病鸡的鸡冠、眼睛周围等无毛的地方出现黄白色痘疹，黏膜型鸡痘以病鸡口腔、喉气管黏膜上溃疡，形成白色的纤维素性坏死假膜为主要病变。

4. 防治措施

平时注意鸡场卫生，做好消毒工作，在此病多发季节及时做好灭蚊工作，减少鸡只啄斗出现外伤，可大大减少此病的发生。在夏秋季节来临之前做好免疫接种，可在20～30日龄用鸡痘鹌鹑化弱毒苗进行刺种首免，开产前进行二免。刺种后如刺种处有红肿结痂表明免疫成功。

若发病可对未发病鸡进行紧急免疫接种，病鸡结痂处可除去痂皮用碘酊涂抹，同时可配合使用抗生素，防止继发感染。中草药可用鲜马齿苋捣碎，加蛋清调匀，敷在山鸡皮肤痘斑处，同时用薄荷5克、连翘15克、金银花20克、蒲公英30克煎水400毫升，每次服用20毫升，每天2次。

六、鸡马立克病

马立克病是由疱疹病毒引起的一种肿瘤性传染病。山鸡、家鸡都比较易感。以病鸡的全身性肿瘤为主要特征，死亡率很高。

1. 流行特点

本病可通过多种途径传播，病山鸡的分泌物、粪便、毛屑都带有病毒，是主要的传染源，可通过空气或直接接触传播，同时山鸡日龄越小越容易感染本病。

2. 临床症状

神经型马立克病：病鸡精神差，病鸡反应迟缓。消瘦，拉稀。病鸡瘫痪，两脚麻痹，行走不稳，出现一只脚向前，一只脚向后的劈叉姿势，若病毒侵害到颈部神经则出现头颈歪斜，侵害到翅膀则翅膀下垂。

内脏型马立克病：幼龄山鸡多发，病鸡消瘦，死亡，一般无其余明显临床症状。

皮肤型马立克病：主要特征是病山鸡皮肤上出现多个不同大小、形状不一的肿瘤结节。

眼型马立克病：单侧或双侧虹膜褪色，视力降低甚至消失。

3. 病理变化（图 6－5）

神经型马立克病主要以神经病变为主，坐骨神经肿大变粗。一般为单侧神经受损，可与另外一侧正常神经进行对比。内脏型病变主要是病山鸡心脏、肝脏、脾脏等多个内脏器官出现白色的肿瘤结节，不过法氏囊一般不会形成肿瘤。皮肤型病变主要在皮肤，在病鸡翅膀、颈部、背部等处出现灰白色的肿瘤结节。

4. 防治措施

加强鸡场饲养管理，搞好鸡场卫生，所用器物定期消毒，避免从有病的鸡场引进山鸡，都能够有效地减少本病的发生。平时通过疫苗进行预防，可通过皮下或肌内注射 HVT 苗，免疫 7 天以后可产生抵抗力，本病发生后没有治疗意义。

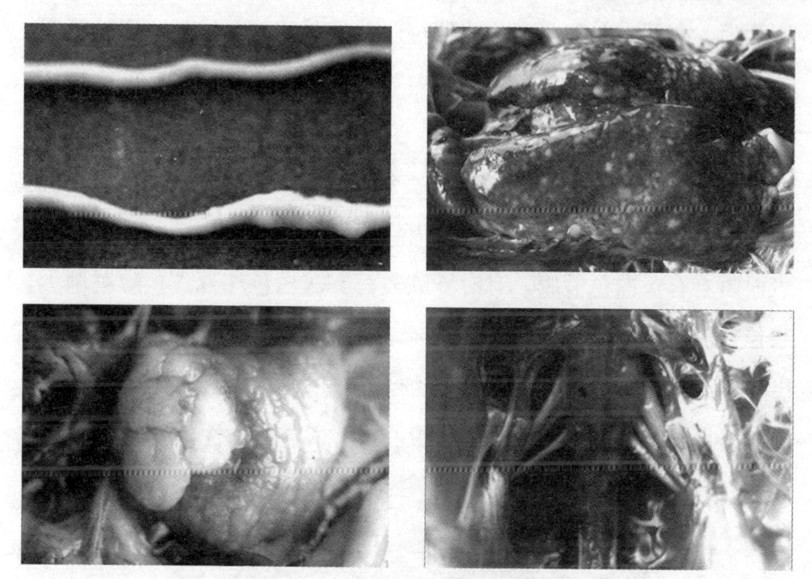

图 6－5　鸡马立克病病理变化

第三节　细菌性疾病的综合防治

一、鸡大肠杆菌病

鸡大肠杆菌病是由大肠杆菌引起的一种传染病。大肠杆菌血清型较多，引起的症状也是多种多样。

1. 流行特点

鸡大肠杆菌病除了山鸡外，家鸡、火鸡、鸭等家禽都容易感染，山鸡大肠杆菌一年四季都可发生，特别是在多雨季节多发，而且各种午龄山鸡都容易发生，可经种蛋、消化道、呼吸道进行传播。

2. 临床症状

因大肠杆菌血清型众多，其临床症状也是多种多样，幼龄山鸡常出现败血症，死亡率较高，年龄稍大的山鸡可表现出关节炎、输卵管炎、肉芽肿等症状，病鸡精神差，呆立，羽毛松乱，翅膀下垂，拉黄绿色或黄白色稀粪，肛门周围常被粪便污染。

3. 病理变化（图 6－6）

典型的病理变化是多处器官有纤维素性渗出物，病山鸡气囊混浊、变厚，上面附着有灰白色渗出物，似干酪样凝块；肝稍微肿大，表面附着有黄白色假膜，有时肝脏表面有灰白色坏死点；脾脏肿大，心包有淡黄色渗出液，心包膜外有黄白色渗出物；腹腔有黄白色渗出物，有的病鸡肝有粟粒状肉芽肿，有的病鸡出现关节肿大，产蛋山鸡卵巢坏死、卵泡破裂，流入腹腔内，引起卵黄性腹膜炎。

图 6－6　鸡大肠杆菌病病理变化

4. 防治措施

大肠杆菌为条件性致病菌，当鸡场饲养环境差，出现不良应激因素时容易引发本病，因此应当改善卫生条件，合理喂养。一旦发病，对隔离病鸡，用敏感抗生素治疗，病死鸡深埋，同时对鸡场进行消毒。抗生素可用庆大霉素按每千克体重 1 万～2 万国际单位进行肌内注射，每天 2 次，连续 3 天。丁胺卡那霉素，按照每千克体重 30～40 毫克/千克体重肌内注射，每天 2 次，连用 3 天。同时对鸡舍、用具进行消毒。中草药治疗：黄柏、黄连、大黄各 100 克煎汁，浓汁进行10倍稀释后供山鸡饮用，此方为1000只鸡的用量，每天1次，连续用药3天。

二、鸡沙门菌病

鸡沙门菌病是由沙门菌引起的传染病的统称，沙门菌血清型众多，根据感染的沙门菌血清型不同可以分为鸡白痢、鸡伤寒和副伤寒三种。沙门菌病可经种蛋垂直传播，一旦发病难以净化，危害较大。

1. 流行特点

鸡白痢和鸡伤寒主要发生在家鸡、山鸡和火鸡，鸡副伤寒则各类家禽都容易感染。

鸡白痢主要危害幼龄山鸡，特别是20天以下的雏山鸡发病率和死亡率都很高，成年山鸡一般没有明显症状，但可经种蛋垂直传播，山鸡场一旦感染本病很难彻底消除。

鸡伤寒，年龄较大的山鸡比较多发，特别是3个月以上的山鸡，此病一般无明显的季节性，尤其在寒冷的春天和冬天多发，病鸡和带毒鸡可向周围环境排毒，污染饲料和饮水，通过消化道传播，也可垂直传播。

鸡副伤寒对幼龄山鸡危害较大，成年山鸡一般为隐性带菌或慢性感染。1月龄以内山鸡多发，青年山鸡和成年山鸡对鸡副伤寒有较强的抵抗力。本病可通过消化道传播，也可通过创伤或眼结膜感染，因鼠类、多种昆虫可携带此菌，如果山鸡场卫生差，营养不良可诱发本病。

2. 临床症状

鸡白痢：一般山鸡在5～7日龄发病，病鸡怕冷挤堆，昏昏欲睡，羽毛松乱，食欲减退，拉灰白色稀粪，粪便污染肛门周围羽毛，干涸后粘住肛门，病鸡难以排便。成年山鸡产蛋率下降。

鸡伤寒：幼龄山鸡症状与鸡白痢的症状相似，若通过种蛋感染，则出现死胚或者孵出病弱山鸡，成年山鸡体温升高，精神差，采食差，鸡冠发紫，拉黄绿色稀粪，一般在发病5～7天后死亡。

鸡副伤寒：幼龄山鸡主要表现为精神差，饮食减少，怕冷，羽毛蓬松，拉稀，粪便呈水样。成年山鸡一般无明显症状或偶尔有拉稀，产蛋率下降。

3. 病理变化

鸡白痢（图6-7）：雏山鸡主要病理变化为肝肿大，肝脏表面有许多灰白色坏死点；心包增厚，心肌有灰白色坏死点；肾脏肿大。成年山鸡症状与雏山鸡基本相似，肝肿大，呈土黄色或者黄绿色，质脆易碎，卵巢萎缩，卵泡变形、变色，有时卵泡破裂流入腹腔，形成卵黄性腹膜炎。

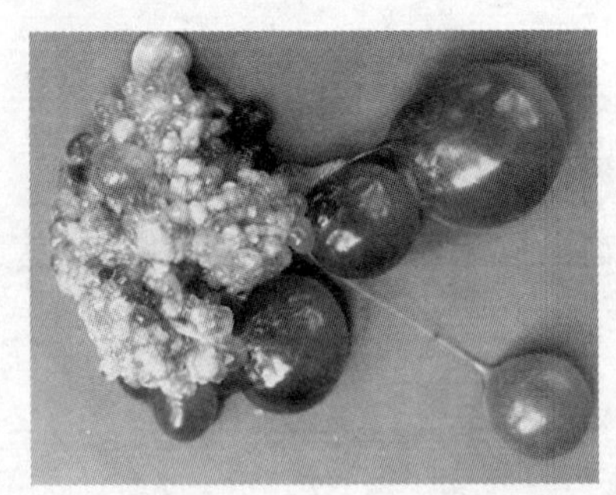

图6-7 鸡白痢病理变化

鸡伤寒：跟鸡白痢症状有一定类似，雏山鸡肝脏肿大，铜绿色，心脏、肝脏表面有许多针尖大小的灰白色坏死点，有时心包积液。脾肿大，有灰白色坏死点，母山鸡出现卵巢炎，卵黄性腹膜炎。

鸡副伤寒（图6-8）：肝肿大，古铜色，有大量针尖状灰白色坏死点或条状出血，脾肿大，胆囊肿大，肾脏肿大，心包积液，心包炎。成年山鸡出现卵巢炎、输卵管炎。

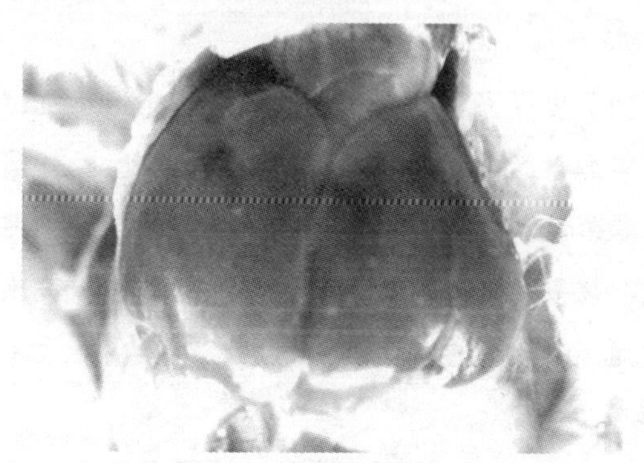

图 6－8　鸡副伤寒病理变化

4. 防治措施

预防：平时加强对鸡场的饲养管理，定期对鸡舍、育雏室消毒，搞好卫生，保持鸡舍清洁。定期对种鸡清查，一旦发现病鸡要马上淘汰。孵化前对种蛋、孵化器进行消毒，慎重引进种鸡、种蛋，注意隔离及检疫，坚持自繁自养。

治疗：可用敏感抗生素进行治疗，如链霉素、恩诺沙星、氟苯尼考、庆大霉素、丁胺卡那霉素、磺胺嘧啶等，都有较好的疗效，病情严重者可选用敏感药物进行肌内注射。

中草药也有一定的效果，鸡副伤寒可用狼牙草 10 克，血箭草 9 克，白芍 8 克，车前子、木香、白头翁各 6 克，煎汁拌料喂服，此方为 1000 只雏山鸡一次用量，连续用药 5～7 天。鸡白痢可用大蒜头 5 克捣碎，加 50 毫升水拌匀，每次喂服 1 毫升，每天 3 次，连续用药 3 天。

三、鸡巴氏杆菌病

鸡巴氏杆菌病也叫鸡霍乱，是由巴氏杆菌引起的一种接触性传染病。

1. 流行特点

巴氏杆菌病可侵害不同品种的山鸡。患病山鸡及带菌山鸡构成了主要的传染源，经消化道和呼吸道感染。鸡巴氏杆菌病一年四季都可发病，季节性不明显，不过在闷热潮湿的天气多发。年龄较大的山鸡比较容易发生此病，特别是营养比较好，长势比较快的山鸡更是如此，而年龄较小的山鸡较少发生。

2. 临床症状

发病初期少量山鸡，特别是生长迅速或者高产山鸡在不出现任何症状的情况下，突然倒地死亡。但是大部分病山鸡体温升高，没精打采，食欲降低，饮水增加，羽毛松乱，鸡冠发紫，呼吸困难，张口呼吸，拉灰白色稀粪，病程一般在1～3天。

3. 病理变化

病山鸡腹脂有出血点，心包增厚，心包积液，心冠脂肪有出血点，肺水肿，出血，肝水肿，肝脏表面有大量粟粒大小的坏死点。肾肿大，肠道黏膜出血，特别是十二指肠、肠系膜出血。

4. 防治措施

在健康山鸡体内一般都存在巴氏杆菌，当山鸡群抵抗力降低非常容易发病，所以平时要加强对山鸡的饲养管理。搞好养鸡场的卫生与消毒，减少鸡群应激。若发生此病，要对病山鸡进行隔离，山鸡场及饲养器具进行消毒。病山鸡治疗可用喹诺酮类药物如恩诺沙星、氧氟沙星、环丙沙星、诺氟沙星等进行治疗，饮水或拌料混饲，病情严重、不进食的山鸡可进行肌内注射，也可用链霉素2万～5万国际单位，青霉素2万～5万国际单位进行肌内注射，每天1次，连用3天，也有较好的效果。

中草药治疗可用甘草30克，厚朴、苍术各40克，黄连、黄柏、大黄、黄芩各 60 克，煎汁，拌料喂服，此方为 500 只山鸡一次用量，连续用药 3 天。

第四节　真菌性疾病的综合防治

一、鸡念珠菌病

鸡念珠菌病是由白色念珠菌引起的一种真菌性疾病，又叫“鹅口疮”或“软嗉病”，幼龄山鸡多发此病。

1. 流行特点

白色念珠菌是自然环境中的一种常在菌，一般健康的人和动物的口腔、上呼吸道和肠道等都存在此菌，是一种条件性致病菌，虽然各种年龄山鸡都可感染本病，但对雏山鸡危害较大，发病率和死亡率都比较高。本病主要经消化道传播，在高热多雨的季节较为多发。

2. 临床症状

本病以雏山鸡多发，成年山鸡也可感染。病鸡食欲减退，全身性消瘦，羽毛蓬松。嗉囊肿胀，质地松软，按压有酸臭口水流出。病鸡眼角周围、口角出现灰白色丘疹，随着病情发展丘疹逐渐融合，凸出皮肤。拉稀，呈黄绿色。

3. 病理变化（图 6 - 9）

在病鸡口腔黏膜上有一层干酪样的白色假膜。嗉囊内有酸臭液体，嗉囊黏膜上有一层灰白色的豆腐渣样假膜。部分病山鸡肌胃角质层下有斑点状溃疡，胆囊肿大，肾脏肿大，其余器官无明显病变。

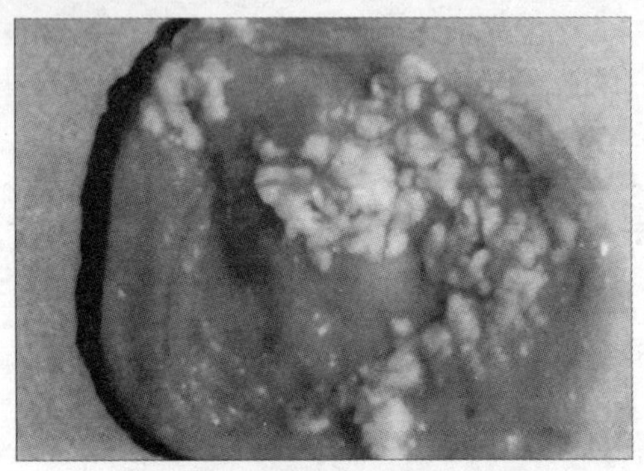

图 6－9　鸡念珠菌病病理变化

4. 防治措施

预防：加强鸡场饲养管理，合理饮食，防止饲料霉变，保持鸡场干燥，注意卫生，提高鸡群免疫力，减少本病的发生。

治疗：发现本病应及时隔离病鸡，可用 1∶1000 的硫酸铜溶液对鸡舍和用具进行消毒，小心清除病鸡口中假膜，涂上碘甘油，服用制霉素时按 50～100 毫克/千克饲料进行拌料，连喂 3～4 天，并在饲料中补充复合多维，效果较好，治愈率比较高。

二、鸡曲霉菌病

鸡曲霉菌病是由曲霉真菌引起的一种真菌性疾病，主要侵害山鸡呼吸系统，又叫作霉菌性肺炎。特别是幼龄山鸡多发，病死率较高，

1. 流行特点

一年四季都可发病，特别是在潮湿多雨季节，霉菌大量繁殖，污染饲料和用具，诱发本病。除了山鸡外，多种家禽都可感染。各种年龄的山鸡均可感染发病，但 3 周龄以下雏山鸡病死率最高。山鸡日龄越大，发病率随之降低，成年山鸡一般为零星散发，本病主

要通过呼吸道和消化道传播。

2. 临床症状

急性病例一般表现为呼吸急促，鸡冠、肉髯呈蓝紫色，食欲降低。慢性病鸡精神差，拉稀、嗜睡，翅膀下垂，食欲降低，逐渐消瘦，张口呼吸，一般最后死亡。有的山鸡还伴有眼炎，单侧或双侧眼球浑浊，灰白色。个别山鸡还可出现头颈歪斜、行走困难等神经症状。本病死亡率较低，若发病处理不及时，也可引起大量死亡，死亡率常在50％以上。

3. 病理变化

病鸡肺部有绿豆大小的灰白色坏死结节，结节较硬，切开可见结节中心为干酪样坏死，内有大量绒毛状的菌丝体。有的病鸡在气囊、气管和支气管也有灰白色的霉菌结节，严重的病例在病鸡的肝、肾等器官还可见灰绿色霉菌斑。

4. 防治措施

预防：平常应注意保持鸡舍的清洁，搞好鸡舍环境卫生，勤换垫料，防止垫料发霉；做好种蛋及孵化器的消毒，避免曲霉菌感染鸡胚，饲料发霉后不能喂鸡。

治疗：一旦鸡群发生本病，应将病鸡全部移出，对鸡舍进行全面清理，彻底消毒，对用具进行清洗，并消毒；重新铺垫清洁卫生的垫料，可服用1∶3000的硫酸铜溶液，连续服用2～3天，也可服用制霉菌素，1次用量为0.5万～2万单位，每天早晚2次饲喂，连续饲喂3～4天。也可用克霉唑进行治疗，每100只鸡每次用量为1克进行拌料，每天2次，连续使用3天。治疗的同时也给病鸡补充饮水和优质饲料，饮水中加入适量的葡萄糖和维生素C，可增强病鸡肝脏解毒功能和抵抗力，预防大肠杆菌等细菌引发的继发感染。

中草药可用鱼腥草360克，蒲公英180克，黄芩、桔梗、葶苈子、苦参各90克粉碎喂服，每天3次，每次0.5克，连用5天。

第五节 寄生虫病的综合防治

一、鸡球虫病

鸡球虫病是由寄生虫球虫寄生于肠道引起的一种损害山鸡肠道为主的寄生虫病。一般以1～2月龄的幼龄山鸡多发，鸡球虫病死亡率常在20%以上，有时可达80%，未死病鸡生长缓慢。成年山鸡症状较轻，主要是生长缓慢，产蛋下降，给养鸡户带来了很大的损失。

1. 流行特点

1周内的山鸡很少发生球虫病。但是1周龄以上到2月龄的幼山鸡，比较容易感染此病，成年山鸡大多是不发病，成为带虫者，不断向周围环境中排出虫卵，是雏山鸡感染的主要来源，雏山鸡感染后发病率和死亡率都比较高。

主要通过食用被感染性虫卵污染的饲料、饮水感染，同时携带虫卵的动物、用具、饲养人员也可机械性传播本病。球虫病原主要有7种，但是属柔嫩艾美耳球虫和毒害艾美耳球虫对山鸡危害最大。一般球虫病是多种球虫的混合感染，单一感染的情况比较少见。

球虫的卵囊对外界环境和常规的消毒剂有很强的抵抗力，一般在土壤中能够存活4个月以上，但是球虫卵囊对高温和干燥环境耐受力差。当山鸡生活在拥挤、潮湿、卫生状况差的环境中最容易发生本病。本病一般在每年的4～9月最流行，但有的山鸡场整年都可发病。

2. 临床症状

急性病鸡食欲减退，羽毛粗乱，拉稀，稀粪中带有红色或暗红色血液。严重者鸡冠和皮肤苍白，严重贫血，如不及时治疗，最终死亡，病鸡死亡率可达 80%。慢性病例一般见于育成山鸡，病鸡症状较轻，生长受阻，产蛋山鸡产蛋率下降。

3. 病理变化（图 6－10）

感染柔嫩艾美耳球虫的山鸡病理变化主要是在盲肠。病鸡盲肠肿大，肠壁黏膜充血、出血，盲肠内含有大量血液或血液凝固后形成的栓子。毒害艾美耳球虫病理变化主要在小肠。小肠黏膜变厚，肠壁出血，小肠内有大量血液凝固后形成的栓子，堵塞肠管。

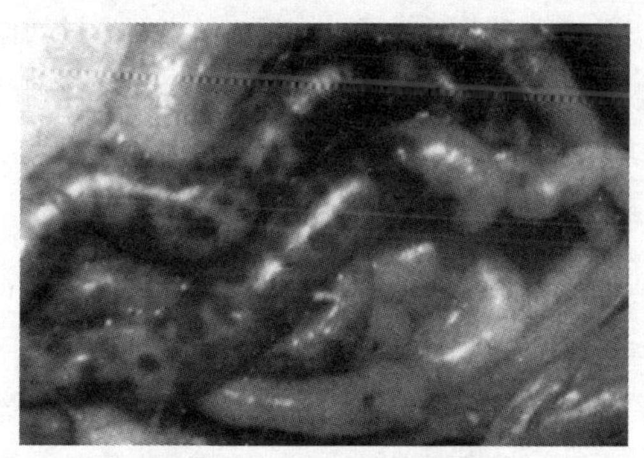

图 6－10　鸡球虫病病理变化

4. 防治措施

平时注意保持鸡舍干燥卫生，减少本病的发生。一旦发现本病，应马上治疗，在发病早期用药，能够有效地降低山鸡死亡率，减少经济损失。治疗可用氨丙啉，按 125 毫克/千克拌料喂服。球痢灵按 125～250 毫克/千克饲料拌料，连用 3～5 天。常山酮，也叫速丹，按 3 毫克/千克拌料喂服。地克珠利，也叫杀球灵，按 1 毫克/千克拌料喂服。中草药可用常山 120 克，柴胡 30 克煎汁，供山鸡自由饮用。或者用黄连、黄柏、黄芩、大黄、甘草按 4∶6∶15∶5∶8 混合粉碎喂服，每天 2 次，每次 2 克，连用 3 天。

二、鸡蛔虫病

鸡蛔虫病是由蛔虫引起的一种常见寄生虫病，主要寄生在山鸡的小肠，使其生长缓慢、发育受阻，严重的可引起雏山鸡大量死亡，对雏山鸡危害很大。

1. 流行特点

本病以雏山鸡最易发病，主要通过食入被感染性虫卵污染的饮水和饲料引起发病。年龄较大山鸡（12 月龄以上）感染病情较轻，往往成为带虫者，蛔虫在其肠道大量繁殖，虫卵通过粪便排出体外，污染鸡舍。蛔虫卵对外界环境抵抗力较强，在阴暗潮湿的鸡舍、泥土里可以长期存活，但虫卵对干燥和高温环境抵抗力较差。

2. 临床症状

幼山鸡患病主要表现为呆立少动，食欲减退，消瘦，生长缓慢，贫血，鸡冠苍白，羽毛蓬松，翅膀下垂，有时便秘有时拉稀，粪中带血，慢慢消瘦，最后死亡。成年山鸡感染后一般症状较轻，或者不出现症状，少数严重病例出现拉稀、消瘦、产蛋减少等。

3. 病理变化（图 6－11）

对病鸡进行解剖发现小肠内可见大小不一的像细豆芽样的黄白色蛔虫，蛔虫有多有少，严重的可堵塞肠道，病山鸡血液稀薄，小肠充血、水肿。

4. 防治措施

预防：平时搞好鸡舍卫生，定时清理鸡粪、垫料及残余饲料。粪便、垫料可进行堆肥发酵，能够有效地杀死蛔虫卵。养鸡用具也要定期清洗、消毒，同时每年可用左旋咪唑对鸡群驱虫 1～2 次。

治疗：可用驱虫净按 10～20 毫克/千克喂服或左旋咪唑按 15～20 毫克/千克喂服都有较好的效果，同时中草药治疗也有较好的效

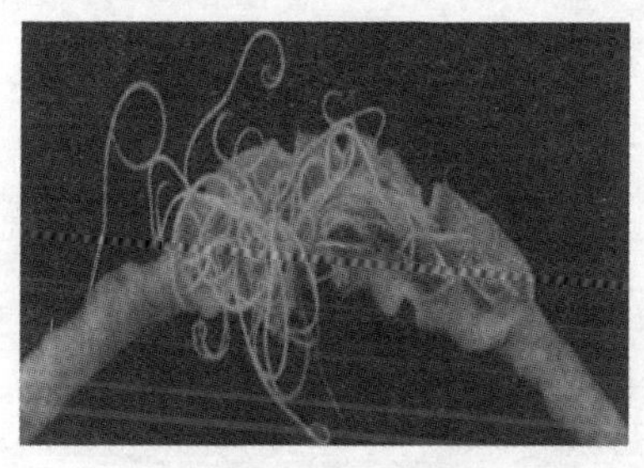

图 6－11 鸡蛔虫病病理变化

果，用去除表面黑皮的川楝皮与使君子按照 1：2 的比例混合打成粉末，加入面粉做成黄豆大小药丸，每天服用 1 粒，连喂 3 天。

三、鸡组织滴虫病

鸡组织滴虫病是由火鸡组织滴虫引起的一种原虫病。主要侵害山鸡的肝脏和盲肠，引起山鸡生长受阻、产蛋减少，给山鸡养殖户造成损失。

1. 病因

山鸡主要食用带有组织滴虫的异刺线虫虫卵或蚯蚓经消化道感染本病。在自然界中，由于有异刺线虫虫卵或蚯蚓的保护，可以存活很长时间。除了感染山鸡外，家鸡等多种家禽都可感染组织滴虫，雏山鸡发病率和死亡率都比较高，而成年山鸡一般症状轻，死亡率低。鸡组织滴虫病可与球虫病、大肠杆菌病等混合感染，混合感染和不良因素可加重本病。

2. 临床症状

本病潜伏期较长，在一周左右，病鸡羽毛松乱、呆立一边、食欲减退，拉浅黄色稀粪，有的粪便中带血，粪便带有恶臭味。因病鸡鸡冠发紫，所以又叫“黑头病”。

3. 病理变化（图 6－12）

本病的主要病理变化在肝脏和盲肠。病鸡肝肿大，在肝脏表面出现特有的圆形淡黄色坏死灶；坏死灶中间凹陷，边缘呈锯齿状，稍隆起似菊花样。一侧或双侧盲肠壁增厚，盲肠黏膜肿大、出血，盲肠膨大，充满干酪样渗出物，形成栓子，堵塞肠道。

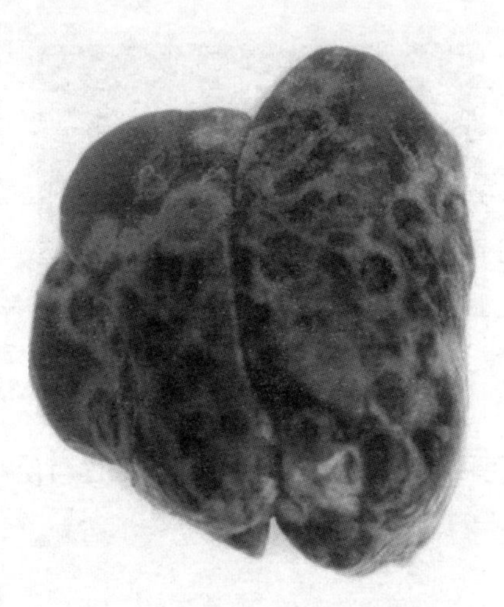

图 6－12　鸡组织滴虫病病理变化

4. 防治措施

预防：本病主要通过异刺线虫虫卵传播，定期驱除山鸡体内的异刺线虫可以有效地预防本病。平时加强鸡场饲养管理，保持鸡场清洁、干燥，平衡山鸡营养，有助于减少本病发生。

治疗：可用甲硝哒唑按 200～250 毫克/千克饲料进行拌料喂服，每天 3 次，连续用药 5 天，治疗效果可达 90%。或者可用二甲基咪唑按 600 毫克/千克饲料进行拌料喂服，但是连续用药不能超 5 天，产蛋山鸡禁用。

四、鸡羽虱病

鸡羽虱病是由寄生在山鸡皮肤表面的永久性体外寄生虫羽虱所引起的疾病。虽然羽虱病很少引起山鸡死亡，但是羽虱病可导致山鸡生长缓慢，产蛋率下降等，危害山鸡的生长和生产性能，给养鸡户造成巨大的经济损失。

1. 流行特点

羽虱是寄生在山鸡体表的一种体外寄生虫，种类较多，体形很小，一般长度不到 1 毫米，灰黄色。山鸡通过与病山鸡相互接触而传染。羽虱生活在鸡体表面，主要采食山鸡毛屑，一般不吸血。羽虱不能离开山鸡身体，一旦离开不能存活。

2. 临床症状和病理变化

因羽虱寄生在山鸡皮肤，以山鸡羽毛和皮屑为食，患病山鸡主要表现为身上奇痒，啄羽，掉毛，身体或肛门下羽毛与身体连接处常有成块的羽虱卵。病鸡逐渐消瘦，不食，生长迟缓，产蛋山鸡产蛋率下降。

3. 防治措施

平时搞好鸡舍卫生，可减少本病发生，发病后治疗主要是灭虱。

可用2.5%溴氰菊酯乳油，按1∶10000倍稀释后，给山鸡进行药浴或对鸡舍进行喷洒。也可用20%杀灭菊酯，按1∶10000倍稀释后，对鸡舍进行喷洒；或者用马拉硫磷粉4%～5%的浓度进行沙浴。也可用百部草100克加白酒500克浸泡2天，等药汁颜色变黄后涂擦患病部位，每天1～2次。

第六节 营养代谢病的综合防治

一、维生素缺乏

（一）维生素A缺乏症

维生素A是一种脂溶性维生素，又叫视黄醇，是一类具有视黄醇生物活性的物质。

1. 病因

主要是由于山鸡日粮中维生素A缺乏引起的一种营养缺乏症。山鸡本身患有某些消化道疾病影响维生素A的吸收也容易引起维生素A缺乏。

2. 临床症状

雏山鸡生长缓慢，嗜睡，羽毛蓬松，眼睛、鼻孔出现黏性干酪样分泌物，眼睑肿胀、粘连在一起，重则眼睛失明，鸡冠苍白，嘴和脚部颜色变浅。成年山鸡主要表现为产蛋减少，日渐消瘦，眼睑肿胀、粘连，失明。公山鸡精液质量下降，种蛋孵化率降低。

3. 病理变化

眼睑有大量分泌物，干酪样，口腔、咽部、食管黏膜有大量灰白色渗出物，粘连成片形成假膜。肾脏肿大、苍白，内有白色尿酸盐沉积。严重缺乏时，在心、肝和脾脏等也有尿酸盐沉积。

4. 防治措施

预防：科学喂养，合理搭配日粮，保证山鸡营养均衡，预防维生素A的缺乏。雏山鸡可在饲料中添加1500国际单位维生素A，成年山鸡、产蛋山鸡、种山鸡可添加4000～5000国际单位维生素A进行预防。

治疗：按照维生素A预防添加量的3～4倍拌料喂饲，待山鸡恢复正常时，再调整维生素A到正常水平。也可口服鱼肝油1～2毫升，每天2～3次，连续服用3～5天。

（二）维生素B_1缺乏症

维生素B_1也叫硫胺素，遇热和光容易分解。山鸡维生素B_1缺乏容易引起消化系统和神经系统障碍，引发糖代谢异常和神经炎症。

1. 病因

由于长时间存放，导致饲料发霉，霉变饲料中含有降解维生素B_1的酶，或者是山鸡饲料中缺少维生素B_1，或者是长时间对饲料进行蒸煮和高温加热都可能导致山鸡维生素B_1的缺乏。

2. 临床症状

雏山鸡一般表现为神经炎，病山鸡腿脚麻痹，病鸡瘫痪，仰头向背部弯曲，形成所谓的“仰头观星”状，有的病鸡不能行走，甚至瘫痪，死亡。成年山鸡表现为腿脚麻痹、行走困难，厌食，鸡冠紫黑色，生长缓慢，种蛋孵化率降低等症状。

3. 剖检变化

山鸡的睾丸和卵巢萎缩，胃肠壁萎缩，十二指肠出现溃疡，雏山鸡皮肤水肿，肾上腺肥大。

4. 防治措施

预防：避免对饲料进行蒸煮和长时间存放，减少饲料中维生素 B_1 的破坏。平时给山鸡饲喂富含维生素 B_1 的饲料，如麸皮、各种谷物和青绿饲料等。

治疗：按每千克饲料中添加2～5毫克维生素 B_1 拌料，供山鸡自由采食，若病情严重者可用维生素 B_1 按每千克体重0.1～0.2毫克进行肌内注射。

（三）维生素D缺乏症

维生素D缺乏症是由维生素 D_3 缺乏引起的体内钙、磷代谢异常，幼山鸡发生佝偻病、骨软化症。

1. 病因

由于日粮中维生素 D_3 含量低，或者山鸡长期未晒太阳，患有消化系统疾病或肝肾疾病等影响维生素 D_3 的吸收导致山鸡维生素D缺乏症。

2. 临床症状

雏山鸡缺乏维生素 D_3 主要表现为食欲不振，嗜异，病鸡生长迟缓或停滞，羽毛无光泽，腿无力，关节肿大，喙和爪软而弯曲，患病严重山鸡的肋骨和肋软骨的连结处显著肿大，有念珠状圆形结节，胸骨出现畸形。

产蛋山鸡主要表现为产蛋量降低且品质下降，蛋壳变软，或出现薄壳蛋，山鸡喙、爪变软，胸骨和肋骨变形，种蛋孵化率降低。

3. 剖检变化（图 6－13）

雏山鸡肋骨和脊柱连结处呈串珠状，肋骨弯曲变形，长骨钙化不良。成年山鸡甲状旁腺增大，骨软且易碎，胸骨和肋骨的内侧面小球状突起。

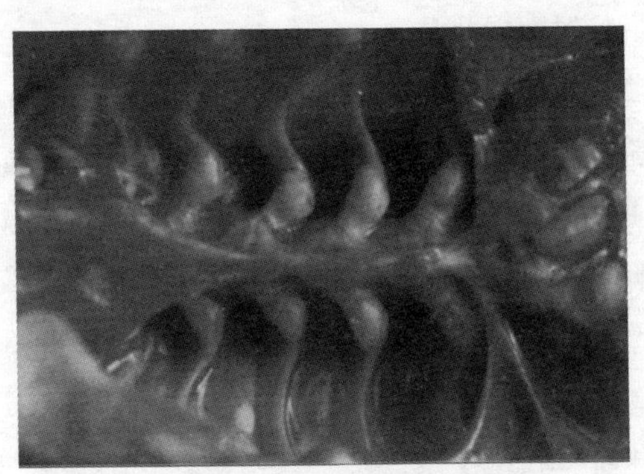

图 6－13 维生素 D 缺乏症山鸡剖检变化

4. 防治措施

预防：平时多让山鸡晒太阳，充分接受日光照射，雏山鸡和高产山鸡日粮中可适当添加维生素 D_3，以防止维生素 D_3 缺乏症的发生。

治疗：雏山鸡患病时，每只鸡可按 2～3 滴鱼肝油喂服，每天 3 次。成年山鸡维生素 D_3 缺乏可按 10～20 毫升/千克饲料用浓鱼肝油拌料喂服。

二、矿物质缺乏

（一）钙、磷缺乏症

山鸡日粮中钙、磷缺乏或者钙磷配比不当是本病的主要原因。钙、磷缺乏可影响健康山鸡的正常生长，出现骨骼畸形、产蛋母鸡产软壳蛋或薄壳蛋，病鸡血液凝固不良，神经系统和肌肉功能出现障碍等。

1. 病因

山鸡长期摄入含钙和磷低的日粮，或者日粮中钙磷比例失调，容易出现本病。雏山鸡钙磷比为1∶1左右，产蛋山鸡日粮中钙磷比可在（4∶1）～（5∶1）之间。日粮中钙过多容易引起骨骼畸变，磷过多则易引起骨组织营养不良。维生素D可促进钙磷的吸收，摄入的维生素D不足，也会引发本病。患有慢性胃肠道疾病也将降低山鸡对钙和磷的吸收。钙、磷缺乏症的雏山鸡常引起佝偻病，产蛋山鸡则出现软骨病。

2. 临床症状

雏山鸡的主要表现为佝偻病。病山鸡生长不良、发育受阻，双腿发软，步态僵硬。骨头变软，易骨折，肋骨变形，出现“八字脚”或“O形腿”。成年山鸡则出现软骨病。骨软，肋骨变形。脚软，无力行走，卧地；病鸡龙骨、爪、喙弯曲，产蛋山鸡产蛋量急剧下降，产软壳蛋、薄壳蛋、畸形蛋。

3. 防治措施

本病应以预防为主：平时注意给予营养充分的饲料，注意日粮中钙、磷比例要适当，特别是产蛋山鸡，要保证日粮中钙、磷的供应，同时补充维生素D_3。治疗：一旦发现本病应马上调整日粮，可将饲料送有关部门检测，若饲料中钙多磷少，补磷是重点。若磷多钙少，应侧重补钙。产蛋山鸡日粮中应增加骨粉、贝壳粉等钙质，同时注意补充鱼肝油或维生素D_3。

（二）硒缺乏症

1. 病因

硒是山鸡必需的一种微量元素，由于山鸡长期食用缺硒饲料或日粮，容易出现硒缺乏症。本病以雏山鸡多发，山鸡硒缺乏时，机体蛋白质合成、脂肪和维生素 E 的吸收受阻，山鸡出现脑软化、渗出性素质、白肌病等症状。

2. 临床症状

本病的主要特征为山鸡出现脑软化、渗出性素质和白肌病。

脑软化症病鸡主要表现为两脚站立不稳，脚和翅膀麻痹，有时卧地，头向后或向一侧弯曲，小脑软化或变形，甚至有出血斑。

渗出性素质病鸡大多精神差，鸡冠、肉髯发白，卧地不动，行走困难，拉稀，一般呈急性经过。病山鸡的胸、腹部皮下出现水肿变化，一般呈淡蓝色或紫色。水肿部位切开有胶胨状液体流出。病鸡颈、腹及大腿有瘀血斑。

白肌病又称肌营养不良，一般以 1 个月以内幼山鸡多发，病鸡肌肉营养不良，无力，步态蹒跚，贫血消瘦，胸肌、腿肌苍白萎缩，像煮熟的肉样。

3. 防治措施

本病主要靠预防，在缺硒的地区，可在雏山鸡日粮中按照每千克饲料中添加 0.1 毫克亚硒酸钠，同时可在每千克饲料中加入 10 国际单位的维生素 E。若已发生本病，可在饮水中添加 0.005%的亚硒酸钠维生素 E 注射液进行治疗，每 20 千克水加 10 毫升 0.005%的亚硒酸钠维生素 E 注射液，连用 3 天效果更好。对于出现脑软化症的病鸡应以补充维生素 E 为主，而出现白肌病、渗出性素质症的病鸡以补充亚硒酸钠为主进行治疗，效果更佳。

（三）锰缺乏症

锰缺乏症是由山鸡日粮中锰含量低所引起的一种营养缺乏性疾病。锰是山鸡必需的一种微量元素，参与山鸡骨骼的形成，与体内多种酶的活性、蛋壳的形成、山鸡正常的生殖功能相关，锰缺乏症的主要特征是骨形成障碍，骨短粗，脱腱症。在缺锰地区，山鸡摄入当地饲粮，易发此病。同时日粮中钙、磷、铁元素含量过高，也会阻碍锰的吸收，引起锰缺乏症。

1. 病因

①长期摄入缺锰日粮：某些地区由于土壤中锰缺乏，所产农作物也会缺锰，有些饲料作物如玉米、大麦的锰含量较低，在以这些作物作为主要日粮时，容易引起锰缺乏。②某些日粮中钙、磷、铁含量过高导致锰的吸收下降，引起锰缺乏。③山鸡患有球虫病等降低锰的吸收。④日粮中缺乏B族维生素。

2. 临床症状

本病雏山鸡多发，有时育成鸡也可发病，主要表现为生长缓慢，骨骼短粗症和脱腱症。骨骼短粗病鸡胫跗关节肿大，腿骨粗短，常常跛行。脱腱症病鸡跗关节肿胀、错位，腿外展，腓肠肌腱从髁部滑脱，腿部弯曲，瘫痪，难以觅食，最后饿死。产蛋山鸡产蛋减少，蛋壳变薄变脆，种蛋孵化率下降，胚胎水肿、畸形。孵出雏山鸡营养不良、运动失调。

3. 防治措施

山鸡对锰的需求比较多，但日粮中钙、磷等过量又会影响锰的吸收，山鸡容易出现锰缺乏，同时锰对山鸡的毒性比较小，平时可在饲料中适当添加锰补充剂。通常山鸡日粮中锰含量应在40毫克/千克左右，平时可用硫酸锰、高锰酸钾进行补充。饲料糠麸中锰含量比较高，日粮中添加糠麸可有效预防锰缺乏。若已出现锰缺乏，可在山鸡日粮中按120毫克/千克饲料添加硫酸锰拌料喂服，或者用1∶3000的高锰酸钾溶液进行饮水，用2天，停2天，持续1～2周。适当补充B族维生素，调整钙磷比例防止钙磷过量，减少锰缺乏的发生。

三、痛风病

痛风病是由各种原因引起尿酸代谢异常的一种营养代谢性疾病。以尿酸盐在病鸡多处内脏或关节蓄积为主要特征。

1. 病因

（1）维生素A缺乏：维生素A可以保护肾脏黏膜，维生素A缺乏时可使肾脏上皮细胞发生角化，损害肾脏功能，容易出现痛风病。

（2）饲料中蛋白质含量过高：由于山鸡肝脏不含精氨酸酶，体内蛋白质代谢成尿酸，通过肾脏排出体外。养殖户片面追求经济效益，给山鸡过量饲喂豆饼、鱼粉等蛋白质含量高的饲料时，大量产生尿酸超过机体本身的代谢能力，导致尿酸盐在内脏或关节中沉积，引发痛风。

（3）过多地饲喂高钙日粮：在日粮中添加过多的贝壳粉、石粉或者将蛋鸡料饲喂雏鸡，在某些病理因素出现时，大量的钙盐从血液中析出，沉积在内脏或关节中，引起钙盐性痛风。

（4）抗菌药物的滥用：长时间或过量使用磺胺类抗生素、氨基糖苷类抗生素等药物，容易引起山鸡肾脏损伤，导致尿酸排泄障碍，尿酸盐沉积。

（5）长期饮水不足：养殖场水槽不足，或者在长途运输时饮水不足，使机体尿酸浓缩，导致尿酸盐在肾脏沉积，诱发痛风。

（6）疾病因素：当山鸡发生肾型传支、传染性法氏囊病等疾病，可引起肾功能损伤，导致尿酸排泄障碍，出现痛风。

2. 临床症状

内脏型痛风主要表现为病鸡精神不振、食欲减退、消瘦、贫血。鸡冠苍白。拉白色淀粉糊样稀粪，内含大量白色尿酸盐。关节型痛风主要表现为病鸡四肢关节肿痛，动作迟缓，活动困难，双腿无力行走。

3. 防治措施

本病以预防为主，平时注意营养均衡，科学搭配，不要片面追求饲料中高蛋白质含量，动物蛋白质饲料要少喂，同时注意补充富含多种维生素的新鲜饲料。按照山鸡不同生长阶段合理搭配营养，不随意增加或减少日粮中某些营养成分，特别是动物蛋白的含量。同时注意饲料的保存，不饲喂霉变饲料，平时注意多饮水，不滥用抗生素，减少山鸡痛风病的发生。

治疗可用阿托方（苯基喹啉羧酸）0.2 克喂服，每天 2 次，同时多饮水，减少高蛋白饲料的摄入。

第七节　中毒性疾病的综合防治

一、食盐中毒

食盐可为山鸡补充所需的元素，对于维持山鸡体液平衡有重要作用，是山鸡饲料中必需的营养物质。食盐在山鸡饲料占 0.2%～0.5%，山鸡饲料中食盐超过 0.8%～1%就会引起中毒。山鸡往往因采食含盐过多的日粮或饮水才引起本病发生。

1. 病因

由于计算失误在饲料中加入了过量的食盐，在配制饲料时，搅拌不均匀，导致部分饲料中食盐浓度过高容易引起山鸡食盐中毒，饲料中维生素 E、含硫氨基酸缺乏也会增加山鸡对食盐中毒的敏感性。养殖场内水槽不足，山鸡得不到充足的水分也容易引起食盐中毒。

2. 临床症状

发病鸡群羽毛松乱，食欲减退，强烈口渴，呼吸困难，嗉囊肿大变软，严重拉稀，运动失调。

3. 防治措施

平时应注意预防，根据山鸡对食盐的需要量进行计算，准确称量，雏山鸡对食盐很敏感，添加食盐时一定要认真计算，避免失误，平时给山鸡提供充足饮水，避免造成经济损失。若发现山鸡有食盐中毒的症状，应立即停止现喂饲料，给予充足饮水，可用10%的葡萄糖酸钙0.2毫升一次性肌内注射，或者用0.2克鞣酸蛋白灌服。

二、黄曲霉毒素中毒

山鸡黄曲霉毒素中毒，是由于山鸡摄取含有黄曲霉毒素的霉变饲料，而引发的一种中毒性疾病。黄曲霉毒素是由真菌黄曲霉菌产生的一种对山鸡和人类都有很强的毒性和致癌性的霉菌毒素，山鸡黄曲霉毒素中毒常以急性肝中毒或慢性肝癌、全身性出血、消化功能减退、神经症状为主要特征。

1. 病因

黄曲霉菌在自然界中广泛存在，花生、玉米等饲料在温暖潮湿的环境中容易霉变产生黄曲霉毒素，被山鸡食用发病。已经发现的黄曲霉毒素有20多种，其中以黄曲霉毒素 B_1 的毒性最强，其毒性强过金环蛇的毒液。

2. 临床症状

最急性中毒雏山鸡，往往不表现出明显的症状，突然死亡。急性病例，病鸡食欲减退，精神萎靡，嗜睡，翅膀下垂，生长迟缓，消瘦，拉带血稀粪，有时出现共济失调，角弓反张等神经症状，最后死亡。成年山鸡一般为慢性中毒，食欲减退，精神差，羽毛蓬松，贫血、消瘦，产蛋山鸡产蛋减少，也有时间较长的病例最终发展成肝癌。

3. 防治措施

本病主要靠预防，平时应注意保持仓库干燥通风，保管好饲料，防止玉米、花生等发生霉变。霉变饲料不能直接喂鸡，可用1.2%的石灰水对饲料进行浸泡脱毒。被霉菌毒素污染的鸡舍、地面、用具等应进行清洗消毒。本病暂时没有特效药物治疗，若有山鸡中毒，应立即更换饲料。同时用维生素C或10%～20%的葡萄糖饮水，可对肝脏起到一定的解毒作用。同时可灌服硫酸钠或人工盐等具有泄下作用的药物，减少肠道对毒素的吸收。

三、磺胺类药物中毒

磺胺类药物是一类物美价廉的广谱抗菌药物，常常被用来治疗大肠杆菌病、球虫病等疾病，若在使用过程中过量使用或者滥用则容易引起中毒。

1. 病因

长时间或大剂量使用磺胺类药物，或者在使用过程中投喂不当，或者搅拌不均匀，或者计算错误用量过多，都可引发磺胺类药物中毒。

2. 临床症状

一般为急性中毒，病鸡出现兴奋、不食、呼吸急促、拉稀、头肿大、痉挛等症状。慢性中毒，病鸡主要表现为精神萎靡，不食，鸡冠、肉髯苍白，贫血，头部肿大发紫，便秘或拉稀交替出现，幼山鸡生长受阻，产蛋山鸡产蛋减少。

3. 防治措施

平时要合理用药，使用磺胺类抗生素应严格按照规定用量进行使用，同时不要过长时间使用，使用过程中要搅拌均匀，同时给山鸡提供充足的饮水，减少中毒的发生。若发现本病，应马上停止用药，让山鸡多饮水，并用1%的碳酸氢钠供山鸡自由饮水进行解毒，同时在饮水或日粮中可添加复合电解多维，有利于山鸡的恢复。

第八节 其他疾病

一、啄癖

山鸡啄癖是由多种因素引起的一种疾病综合征，日粮中营养物质缺乏，或机体营养代谢障碍，或饲养管理不当都容易引起山鸡啄癖。各日龄山鸡均可发生，但雏山鸡较为多发。按照山鸡啄癖种类的不同又可分为啄羽癖、啄肛癖、啄蛋癖、异食癖等，往往造成流血、翅膀伤残，影响山鸡的生长发育，重者可致死，给山鸡养殖业带来严重的经济损失。

1. 原因

（1）营养方面

诸多因素都可引发山鸡啄癖：山鸡日粮单一，饲料中蛋白质含量不足，或赖氨酸、蛋氨酸、色氨酸和胱氨酸等氨基酸不足或过高；饲料中缺乏维生素，如维生素 B_2、维生素 B_3 的缺乏；饲料中矿物质如日粮中钙、磷缺乏，微量元素锌、硒、锰、铜缺乏；日粮中硫缺乏或食盐不足；日粮中缺少粗纤维，导致肠蠕动缓慢。

（2）饲养管理方面

鸡舍环境通风不良，有害气体硫化氢、氨气等浓度过高，容易引发山鸡啄癖；山鸡舍光照持续过强，山鸡持续处于高度神经紧张状态，易引发啄癖；山鸡舍温度较高或湿度不适宜，饲养密度太大，鸡舍拥挤也易诱发啄羽、啄肛；采食和饮水槽不足、随意更改饲粮投喂次数、推迟饲喂时间，也会引起山鸡啄斗。

（3）疾病因素

细菌性疾病如鸡大肠杆菌病、鸡白痢等都可引起啄羽、啄肛。而慢性肠炎、体外寄生虫病，如螨、羽虱病等，都可使山鸡自啄出血，从而引起鸡群互啄。

（4）其他因素

雏山鸡在换羽时，皮肤发痒，自啄羽毛可诱发群体性啄羽。同时刚开产的山鸡体内雌激素和孕酮较高，公鸡雄激素较高，都可诱发啄癖。

2. 防治措施

（1）加强营养，选择营养全面的日粮做饲粮，饲粮中蛋白质不足可添加蛋白质，如玉米蛋白粉，氨基酸缺乏，可适当补充相应的氨基酸，粗纤维含量低可适当增加米糠或麸皮的含量。微量元素铜、铁、锌、锰缺乏，可补充相应的微量元素；钙、磷缺乏或比例不当时，可补充骨粉、贝壳粉或磷酸氢钙；食盐缺乏时，可补充氯化钠。

（2）加强饲养管理，定时定点投喂饲粮，间隔时间避免过长，配备充足的水槽和料槽，可使用颗粒料，能减少饥饿引起的啄癖。鸡舍注意通风，短时间使用强光照射，合理控制饲养密度。对山鸡适时断啄，同时补充维生素 C 和维生素 K，以减少应激，定时驱除体内、体外寄生虫，减少啄癖的发生。

（3）若已经发生啄癖，应将病鸡隔离饲养，在病鸡伤口上涂抹机油、煤油等物质，防止此鸡被再次啄伤。

第九节　山鸡疾病科学有效防控要点

虽然山鸡对外部环境适应性强，对疾病等不良因素有一定的抵抗力，但由于人工养殖大多为大群集中养殖，数量较大，也会有疫病发生，因此要做好对山鸡疾病的科学防控。

一、加强饲养管理

加强饲养管理，可以减少山鸡疾病的发生。合理饲喂，营养均衡，采用原粮饲喂的养殖户可以考虑增加玉米等能量饲料，采用饲料饲喂的可以根据山鸡的不同生长阶段合理购买饲料。雏鸡可以考虑肉鸡生长料，产蛋山鸡可以考虑购买蛋鸡料。控制饲养密度，放置充足的料槽，给予充足饮水。注意饲料保存，避免饲料发生霉变，减少疾病发生。

二、加强人员管理

通过加强人员管理，减少人员流动，切断传染源。许多疾病都是通过人员进行传播，养殖场应尽量减少人员参观，人员进出时应更换衣服，洗手消毒，减少疾病的发生。

三、健全卫生制度

保持养殖场的清洁卫生，及时清理粪便污物，对饲养用具、料槽、饮水器定期清洗消毒。山鸡养殖场应实施全进全出的饲养制度，山鸡出栏后，应对鸡舍彻底清扫并消毒，并空舍 1 个月以上。引进山鸡、雏山鸡转群，应对鸡舍及用具进行消毒，种蛋及孵化器具也要消毒。

四、做好免疫工作

规模化养殖场要控制传染病的发生，除了搞好卫生，做好消毒工作外，应根据养殖场的实际情况制定科学合理的免疫程序。

1. 免疫接种时的注意事项：

免疫接种应在鸡群整体健康状态良好时进行，正在发病时除了紧急免疫接种外不要进行免疫接种；严格按照疫苗使用说明书使用，注意用法用量。每次配制的疫苗要在规定时间内用完，不要使用过期的、来源不明的、保存不当的疫苗；接种器具在使用前要消毒，用完后也要对所用器具消毒；接种疫苗前后一周不要使用抗菌药物，同时做好免疫记录，以便日后查询。

2. 山鸡免疫程序

制定合理的免疫程序，通过接种疫苗，提高山鸡免疫能力，减少疾病的发生。一是要根据当地的饲养环境、饲养季节和疫病流行情况，合理选择疫苗，制定免疫程序；二是有针对性地预防鸡新城疫、禽流感等疾病，降低经济损失。山鸡免疫程序见表 6 - 1。

表 6 - 1　　山鸡免疫程序

接种日龄	疫苗	免疫方法
1 日龄	马立克病疫苗	颈部皮下注射
7 日龄	新支二联苗	滴眼、鼻
14 日龄	传染性法氏囊病疫苗	点眼、滴嘴或饮水
21 日龄	新支二联苗	滴眼、鼻
28 日龄	传染性法氏囊病疫苗	滴嘴或饮水
35 日龄	禽流感疫苗	肌内注射
70 日龄	新城疫Ⅰ系疫苗	肌内注射
90 日龄	新城疫Ⅰ系疫苗	肌内注射

3. 免疫失败的原因

造成山鸡免疫失败的原因主要有以下几方面：疫苗质量不过关，细菌或病毒血清型变异，疫苗的运输和储藏不当；不按规定稀释疫苗，免疫剂量不准确；接种技术和方法不对，有时为了减少工作量用饮水免疫代替其他免疫方法或疫苗注射部位不当；不按养殖场实际情况制定免疫程序，免疫程序不合理；山鸡机体本身体况差，山鸡日龄小，免疫器官发育未成熟，饲养管理不当，营养不良，均可抑制免疫应答造成免疫失败。